U0011427

Super Junior
利特親手做！

特哥的
美味料理祕訣

Simple,

Easy

Recipes

LEE TEUK
COOK BOOK

利特 著　張鈺琦 譯

Super Junior的粉絲，大家好！我是利特。

準備這本書的出版過程，讓我想起了我的練習生時期。雖然和Super Junior成員一起住的宿舍裡有廚房，我們卻很少使用，總是買外食或煮泡麵。明明耗費了大量體力和時間去練習，更應該好好吃飯才對，在當時卻沒有這種觀念，單純為了填飽肚子而吃飯，叫外送就簡單解決一餐，無形之中，當然也增加了許多開銷。

也是從那時開始，我漸漸感受到「吃飯」是一件很重要的事。於是我決定走進那個原本只用來煮泡麵的廚房，親自動手做料理！也想趁機向Super Junior成員們炫耀一下自己的手藝。剛開始學做料理時，真的覺得很複雜，動作又生疏，但經過反覆練習，我的料理實力也逐漸增加，我想這就是「做料理」的魅力，任何人經過練習，總有一天都能做出美味的食物。

與成員們一起吃著我做的菜，親手完成一道料理時的那種滿足感，以及與我愛的人一起分享美食的喜悅，那就是料理帶給我的最大幸福。為了繼續營造更多幸福，料理從此就成為了我的興趣。

因此，我決定將一直以來做料理的心得，以及主持料理節目《最佳料理祕訣》所學到的料理方法，集結成這本書。2017年開始，我擔任EBS《最佳料理祕訣》主持人，向韓國頂尖的料理大師們學習料理技巧，我很用心的在旁邊聆聽、吸收、練習，雖然我對主持工作充滿信心，做料理卻還很生疏。一開始我想，只要主持得很好就夠了吧！但我在料理大師身旁，卻連該適時提供什麼用具、可以問哪些問題都不懂，真是有夠手忙腳亂的。直到主持節目一陣子之後，才終於能不疾不徐的協助他們，還常得到大師們的稱讚呢。我也從什麼都不懂，漸漸明白這道菜還要加點什麼、可以怎麼煮、或是用什麼方法會更好吃了。

不是專業廚師、而是偶像歌手的我，居然出版了食譜書，這樣的跨界挑戰可能還有許多不足之處，但我教的都是簡單、方便的料理方法。除了食譜，我也寫下與食物有關的回憶，以及去海外演出的小故事，希望你們會喜歡！藉由本書，希望大家能感受到「親手做料理、與所愛的人共享」的幸福。你們給我的支持，也會成為我做料理的動力喔！

從現在開始，和我一起動手做料理吧！

Super Junior隊長 利特

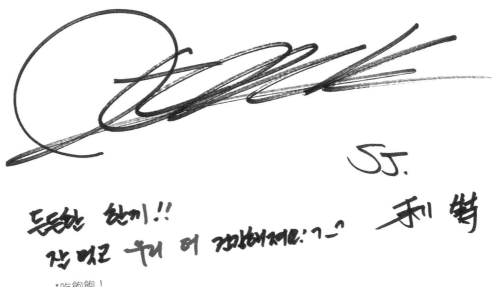

*吃飽飽！
好好吃飯，一起變得更健康！

　2017 年 1 月 30 日，是我首次以《最佳料理祕訣》（최고의 요리비결）主持人身分與大家見面的日子。老實說，當時真是緊張得渾身直冒冷汗啊！料理節目主持人？我雖然對主持有信心，但是我根本不會做料理！一開始我也想得很簡單，反正主持人只要能讓節目好好進行，就可以了吧？實際進行才發現，站在有名的料理大師身旁，還得適時提供協助，但我連到底該幫忙拿什麼道具、或該問什麼問題都不懂，非常手忙腳亂。

　對以前的我來說，廚房的唯一功用就是煮泡麵，吃飯只要能填飽肚子就好，所以在錄製節目時真的很艱辛。我覺得不能再這樣下去了，錄影結束後，決定回家努力練習做料理，複習錄影時老師教的料理，還曾經練習切蔥絲，連續練了 2 天 1 夜，邊切邊流淚呢！

「有志者事竟成」，是我在以 Super Junior 出道前，還是練習生時就很喜歡的一句話。我從生疏的手藝開始慢慢練習，不知不覺間，我開始知道這道料理應該再加點什麼會更美味，該用什麼方式烹調，甚至知道使料理更好吃的方法。

在韓國知名料理大師身旁耳濡目染，學習大師們的料理祕訣，經過不斷練習後，現在的我已經可以在大師身旁適時提供幫助，烹飪時也常得到稱讚，甚至在一些節慶或聚會上，還能為家人做料理。這個改變，連我自己都感到驚訝，對於曾經只會煮泡麵的我來說，現在竟然能煮飯給親朋好友享用，真是有很大的長進啊。

擔任《最佳料理祕訣》的主持人，讓我 30 年來第一次發現料理的魅力。所謂「料理」，只要處理好食材、完成步驟，就能看到成果。雖然看起來很複雜、很難，但我覺得每個人都能越做越上手。因為料理就像開車，透過練習就能變得更好。

這就是利特推薦給大家變幸福的方法——烹飪。哪怕一開始很生疏，只要不斷練習，就能漸漸上手。做出美味的料理，就是變幸福的祕訣，藉由我的手創造出「微小卻真實的愉悅」。最近韓國市面上也有許多針對單身或忙碌的人推出「一個人也能輕鬆享用」的即食餐點。可是太常買現成的食物，其實比親手做更浪費錢。我也跟大家一樣，在 20 歲時對吃並不關心，吃飯只是為了填飽肚子。但是當烹飪變成興趣後，才真正感受到「吃飯才會有力氣」這句話的涵義。希望透過這本書，讓大家感受到親手做料理的幸福。

身為偶像歌手的我卻挑戰寫料理書，可能還有不足之處，因此本書收錄的都是我親自做過、連料理新手都能輕鬆完成的超簡單食譜，也寫下我品嘗過的一些特別的食物和回憶，以及在世界各地巡迴演出的花絮等。希望大家能開心的閱讀本書，並持續給我鼓勵。大家的鼓勵，就是讓這本書能夠完成的動力！

身而為人，都是要吃飯的，現在就讓我們一起動手做料理吧！

Super Junior 隊長 & 《最佳料理祕訣》主持人 利特

CONTENTS

PART 1
和利特一起做料理準備吧！

利特的簡單計量法	12
利特喜歡的調味料	14
利特推薦的廚房用具	15
獻給 E.L.F 的美味之信	16
# 利特 STAGRAM	24

PART 2
一個人也能輕鬆吃得飽嘟嘟！

鮭魚握壽司	30	魚板蓋飯	50
黃豆芽拌飯	32	炸醬麵＆蛋炒飯	52
午餐肉雞蛋蓋飯	36	蘿蔔塊泡菜炒飯	56
奶油鮮蝦義大利麵	40	血腸湯	59
鮪魚小黃瓜飯糰	44	泡菜奶油炒泡麵	62
綠豆涼粉飯	46	辣魷魚絲海苔飯捲	64
刀切麵疙瘩	48	蘿蔔葉泡菜拌飯	66

PART 8

餐桌上的主角——主菜

餃子火鍋	70
章魚拌飯	74
豬腳冷盤	78
魚糕串湯	80
大醬鍋	82
辣炒豬肉	84
泡菜豬肉鍋	88
老泡菜部隊鍋	90
韓式燒肉	92

PART 5
隨時都能吃——
利特最愛常備小菜

馬鈴薯雜菜	134
大醬醃紫蘇葉	136
煎蛋捲	138
馬鈴薯沙拉	140
辣拌蘿蔔絲	144
牛蒡炒豬肉	146
麻藥醃蛋	149
醃葡萄 & 醃番茄	152

PART 4
風味獨具、吮指回味的「特」餐

馬鈴薯煎餅沙拉	98	南瓜濃湯 & 香蒜麵包	114
超簡單涮涮鍋	101	辣拌螺肉	118
焗烤奶油餃	104	醬燒豬肉 & 涼拌韭菜蔥	120
炒血腸	106	超簡單韓式雜菜	124
牛肉拌豆芽 & 牛肉豆芽炒飯	108	什錦燒	126
		泰式炒河粉	128
照燒雞翅腿	112		

PART 6

有點餓、
有點饞，
就吃利特牌點心

乾烹煎餃　　　　　　156

酥炸鑫鑫腸　　　　　158

芒果牛奶 & 芒果優格　160

年糕串　　　　　　　162

雞蛋三明治　　　　　164

辣炒年糕　　　　　　168

什錦蔬菜捲　　　　　172

鮮蝦墨西哥薄披薩　　174

果香糖醋肉　　　　　178

麻糬漢堡 &　　　　　180
黃豆粉麻糬吐司

黃瓜壽司卷　　　　　184

PART 7

與利特一起出發！
世界美味之旅

沙嗲雞肉串　　　　　　　188

鳳梨鮮蝦炒飯　　　　　　190

咖哩烏龍麵 & 咖哩飯　　192

酪梨明太子飯　　　　　　194

香蒜羅勒義大利麵 & 牛排　196

番茄肉醬義大利麵　　　　198

麻婆豆腐　　　　　　　　200

麻辣香鍋　　　　　　　　202

港式番茄麵　　　　　　　206

酪梨莎莎醬　　　　　　　208

鮮蝦炒飯墨西哥捲餅　　　210

工欲善其事，必先利其器。
想動手做料理，
食材處理、調味計量是好吃的關鍵，
鍋鏟、食器的挑選，能讓美味更上一層樓！

利特的料理加分小祕訣～
運用市售調味料，使用喜歡的餐具，
輕輕鬆鬆成就一頓味覺與視覺的饗宴！

PART 1

和利特一起做料理準備吧！

利特的**簡單計量法**

烹飪時，「計量」是不讓味道跑掉的第一步。
可使用量杯或量匙，也可用家裡就有的湯匙和紙杯輕鬆完成喔！
※本書食譜為求精準，計量以Ts（大匙）、ts（小匙）標示。

用湯匙計量

粉末類

糖1
以湯匙挖起，尖尖滿滿的一湯匙，約等於1Ts（大匙）。

糖0.5
半湯匙分量，約等於0.5Ts。

糖0.3
⅓湯匙分量，約等於1ts（小匙）。

切末材料類

蒜末1
填滿一整個湯匙的分量，約等於1Ts。

蒜末0.5
填滿湯匙一半的分量，約等於0.5Ts。

蒜末0.3
填滿⅓湯匙的分量，約等於1ts。

醬料類

辣椒醬1
以湯匙撈起，滿滿的一湯匙分量，約等於1Ts。

辣椒醬0.5
裝滿半湯匙的分量，約等於0.5Ts。

辣椒醬0.3
裝滿⅓湯匙的分量，約等於1ts。

液體調味料類

醬油1
倒滿一湯匙分量，約等於1Ts。

醬油0.5
醬油約占湯匙的一半，還能清楚看到湯匙邊緣的分量。約等於0.5Ts。

醬油0.3
倒滿⅓湯匙的分量，約等於1ts。

用紙杯計量

高湯1杯＝180ml
裝滿紙杯。

高湯½杯＝90ml
裝半杯分量。

麵粉1杯＝100g
裝滿一杯，杯口抹平。

蒜末1杯＝110g
裝滿一杯，杯口抹平。

杏仁½杯
裝滿半杯。

小魚乾1杯
裝滿一杯分量。

目測計量

櫛瓜½根＝100g

洋蔥¼個＝50g

白蘿蔔1塊＝150g

紅蘿蔔½根＝100g

蔥白1段＝10cm

大蒜1瓣＝5g

薑1塊＝7g

豬肉1塊＝200g

用手計量

豆芽菜1把
手掌自然抓起的分量。

菠菜1把
手掌自然抓起的分量。

麵條1把＝1人份
手圈起約10元硬幣大小的分量。

利特喜歡的**調味料**

做料理時，最容易打擊信心的就是正確調味，
不如讓市售調味料來幫忙吧！
不僅能縮減料理程序，也更容易做出專業的味道喔。

風味醬油

加入水果或蔬菜熬煮過的醬油。
適合照燒或炒菜類料理，不須添
加太多副食材，一樣能讓味道層
次豐富。做一般調味沾醬時，使
用風味醬油代替一般醬油，即使
少放一點洋蔥或大蒜，依然美味
不減。

濃縮高湯

因為是濃縮產品，無論是加入湯
類料理，甚至炒年糕或炒菜時加
一點點，就像是加入調味料般美
味。

A1牛排醬

吃牛排時最常搭配的牛排醬，味
道醇厚又帶有酸甜香氣，很適合
塗抹在烤蔬菜上，也適合爆炒類
料理，能增添風味。

高湯包

無論是家常湯料理或火鍋，
高湯都是決定成敗的關鍵。
一般高湯需用小魚乾或海
帶、蔥、洋蔥熬煮，直接購
買高湯包，按比例加入清
水，就輕鬆完成美味湯底
了。

蔥油

滿滿蔥香的蔥油，適合炒菜或燒
烤料理，用蔥油代替食用油更能
增添食物風味。購買現成蔥油就
能省去在家自製的繁瑣，輕鬆做
出美味料理。

利特推薦的**廚房用具**

準備幾個自己喜愛的廚房道具、餐盤，料理樂趣就會倍增！
以下是利特使用的廚房道具。

水波紋餐盤

網路上很常看到這種白底灰色水波紋餐盤，食物裝在什麼樣的容器中真的很重要，以好看的盤子盛裝，能讓食物看起來更精緻美味。

餐具組

我喜歡簡潔風格，因此餐具組也選用裝飾不多的設計款式。筷子是我喜歡的外型，手握的部位有一點凹凸的設計，尖端部分經過處理，非常好夾東西。

炒鍋

炒鍋呈深凹狀，適合炒菜或烹調有湯汁的料理，炒菜時可搖晃炒鍋，並以鍋鏟均勻混合食材。

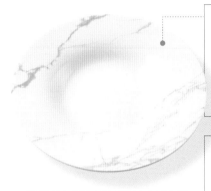

鑄鐵鍋

材質為鐵的鍋子，持熱效果持久，用餐時也能維持料理的溫度。我常用鑄鐵鍋煮部隊鍋或大醬鍋。它的外型也很好看，適合煮火鍋或涮涮鍋。

多功能早餐鍋

我很推薦這個可愛的廚房用具，可以一次煎出又圓又可愛的煎蛋和培根。圓形的部位也能煎鬆餅或韓式煎餅。

平底不沾鍋

料理新手一定都會擔心沾鍋的問題。好的平底鍋不僅不易沾鍋，也能更輕鬆做出外型美觀的料理。但使用不沾鍋要注意，必須用木製或矽膠用具，才不致刮傷表面塗層。

海外花絮 E.L.F認證！美食餐廳推薦

常有人羨慕的跟我說：「那麼常去海外表演，應該不用專程去旅行了。」其實海外演出行程總是很緊湊，不太有機會體驗當地文化或去觀光，這樣的遺憾，就只能用吃來填滿。

真正明白「火鍋」的美味，是去中國巡演時，也是從那時起，愛上寬寬的中式寬粉和XO醬炒飯。**我到海外和粉絲見面時，一定會問一個問題：「這裡有什麼好吃的？」然後粉絲們就會像事先準備好一樣，馬上推薦我很多好料。**有一次在亞特蘭大，我問一位中國粉絲有什麼好吃的，在他的推薦之下去了一家漢堡店，真的好好吃！

所以，我最信賴的美食就是E.L.F推薦的！因為E.L.F都很了解我，介紹的餐廳真的都百發百中，滿意度100%，絕對是我喜歡的味道！

海外花絮 **酒！**

我因為體質關係，不太能喝酒，不過到了國外，難免想品嘗看看世界各國、各地區有名的酒，各地生產的酒會有當地的不同風味，我雖然酒量差，可是很懂酒的唷。**尤其在海外品嘗當地美食，搭配傳統酒最棒了！就像燒酒對韓國人來說有著獨特的感情，啜飲當地酒，也能讓我感受到當地情懷。**

最近去智利演出時，就拜訪了以「惡魔的倉庫」聞名的葡萄酒莊。這裡的酒從很久以前就享有盛名，傳聞每到夜晚，會有人鋌而走險跑來這偷酒，酒莊主人為了遏止偷盜的情形，就故意放出這裡鬧鬼的消息，後來便被稱為「惡魔的倉庫」。我在惡魔的倉庫喝到的酒，可謂我的人生之酒，平常不太買酒的我，一口氣買了2瓶回來。

猜猜我和誰一起喝了那瓶酒？
新年時，和媽媽、姐姐一起祈願新年時喝了。

當然，只有1杯而已啦！

海外花絮 公演文化

當了15年的歌手，若要細數曾去表演過的國家，大概能環繞世界一周了吧！説不定都不知道繞著地球跑幾圈了呢。

世界巡迴演出時，每個國家的粉絲個性都不相同。韓國、日本等亞洲粉絲會熱烈鼓掌，非常懂得「眼神交流」，總是用亮晶晶的眼神傳達加油之意；而歐洲或南美的粉絲，表現就比較熱情隨興，會隨著歌曲起舞，享受舞臺上的表演。2018年，我們去墨西哥表演，粉絲還邀請了「民俗表演團」到我們住的地方前面，説這是歡迎客人的南美傳統文化。體驗到新文化真的很有趣，令我興味盎然。

雖然彼此的國籍、語言和表達方式不同，真心卻都是一樣的。

對於喜愛Super Junior歌曲的粉絲，我心中的感謝永遠不減。

 海外花絮 **粉絲傻瓜**

我從出道起，每一封粉絲的信都不會漏掉，一定仔細
閱讀。收到海外粉絲的信也相當令我感動，尤其是一
開始還得用翻譯機將內容翻成韓文，再抄寫下來，現
在韓文甚至變得比我更好的信件。我當兵時，幾乎每
天都會收到1000封信，雖然也因此惹來一堆嫉妒的
目光，但我都能從粉絲的字裡行間，感受到深刻的感
情。當時，大家的信就是我的慰藉，粉絲的支持與鼓
勵，對我而言是最大的力量。

利特之所以能夠不斷努力，都是因為有粉絲的支持。
哪怕再辛苦，只要有大家的鼓勵，我就能戰勝一切。
希望大家要按時吃飯。隨著年紀增長，我更加感到健
康是最重要的，而為了健康，好好吃飯更是重中之
重，大家知道吧？
我無法為所有人做料理，只能精心挑選、整理出這些
食譜，希望大家一定要跟著一起做來吃。這樣我們才
能健健康康、長長久久的一直見面喔！

海外花絮 你過得好嗎？

在我的暱稱中，我最喜歡「粉絲傻瓜」這個稱號。不是都說年紀越大越喜歡回憶過往嗎？最近我偶爾會好奇，剛出道時見到的粉絲們過得好嗎？我剛出道時，有位男粉絲知道我喜歡甜米釀，每次都會在簽名會時帶著1.8公升大瓶裝的甜米釀來送我。他總是開朗的說：「哥，請收下。」我到現在都還記得這個粉絲的名字和臉，後來得知他上了大學。真好奇他過得如何？

「耀燮，聽說你上大學了，過得好嗎？」

世界巡演時，有個像影子般跟著我們的中國粉絲Sunny，當時還是可愛少女的她，聽說已經結婚了、過得很幸福。她說生小孩後，要和小孩一起手牽手來看Super Junior的演唱會。你問我說那要等到何年何月？聽說Sunny已經在黃金豬年生下可愛的寶寶了呢。

「Sunny，恭喜妳，相信我們不久後就能再見了！」

海外花絮 E.L.F，永遠的朋友

Super Junior的粉絲俱樂部叫「E.L.F」，意思是「永遠的朋友」，現在真的感覺到粉絲就像是我們永遠的朋友，15年來一起成長、變老，一起接受歲月的洗禮。以前我會用敬語問候粉絲，現在則能以很輕鬆的語氣說：「大家好！」

該怎麼說呢？就像是剛出道時，總在一個遙遠的地方看著粉絲，現在卻是來到粉絲的身邊、一起並肩坐著的感覺。出道15年，和粉絲們的關係也有所改變。以前只能在演唱會等表演場地見到粉絲，現在不論去哪都能見到E.L.F，即使去醫院做健康檢查、或在泰國的出入境檢查處，都能遇到工作人員偷偷跟我說：「其實，我是E.L.F。」

看到不知不覺已長大成人、進入社會的粉絲，我總是感到既神奇又高興。尤其大家都在自己的崗位上努力的身影，更讓我深深感動。**粉絲朋友，不管大家在哪裡見到我，請開心的跟我打招呼，告訴我「我是E.L.F」吧！**

海外花絮 印尼

讓亞洲融為一體的慶典——2018亞洲運動會在印尼首都雅加達舉辦，Super Junior在閉幕典禮上代表亞洲歌手登臺表演。

印尼總統佐科‧維多多的女兒也是Super Junior的粉絲，他說在當選總統前，也曾和女兒一起看過Super Junior的演唱會。其實佐科‧維多多總統一直是眾所周知的重金屬迷，但就如一句韓國俗諺所說，「天下沒有能贏過子女的父母」，大概在印尼也一樣吧。當時我們表演了〈SORRY SORRY〉、〈MR.SIMPLE〉、〈美人啊〉等膾炙人口的代表歌曲，印尼粉絲熱烈的為我們歡呼、跟著一起唱，即便是韓文歌詞也朗朗上口，近距離地感受到大家對K－POP的喜愛，讓我感動萬分。

我從小就喜歡音樂，因而成為歌手，但能站在這麼大的舞臺上，讓大家更加認識K－POP，與有榮焉的同時，也感到誠惶誠恐。真心感謝喜愛韓國K－POP的所有粉絲！

我會更加努力，讓Super Junior可以勝任宣揚K－POP的角色。

不管我們在哪個國家、哪個城市，哪怕距離再遙遠，就像你我身邊總會有音樂相伴，我深切希望能與大家長長久久的同在一起。

#利特STAGRAM 打開利特家的冰箱

xxteukxx FOLLOW ···

❤ ○ ↗

將水果切成容易入口的大小，
裝進瓶中冷藏。

#番茄 #草莓 #水果保存

xxteukxx FOLLOW ···

❤ ○ ↗

奶油切成湯匙大小，裝在密閉容器中，
拿取方便，要用時就不用再切。

#奶油 #香醇風味 #奶油存放

xxteukxx FOLLOW ···

❤ ○ ↗

蔥白和青蔥分開保存，蔥白為料理用，蔥綠
可在做湯料理時，切成蔥花使用。

#大蔥 #用途_不同

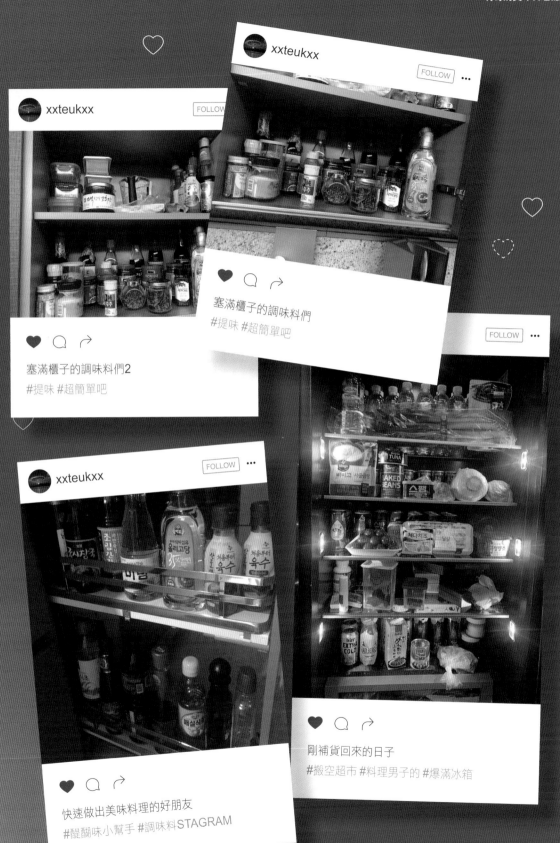

xxteukxx
FOLLOW ···

xxteukxx
FOLLOW ···

塞滿櫃子的調味料們
#提味 #超簡單吧

塞滿櫃子的調味料們2
#提味 #超簡單吧

FOLLOW ···

xxteukxx
FOLLOW ···

剛補貨回來的日子
#搬空超市 #料理男子的 #爆滿冰箱

快速做出美味料理的好朋友
#醍醐味小幫手 #調味料STAGRAM

xxteukxx FOLLOW ···

♥ ◯ ↗

雞小翅 #雞翅殺手的 #雞翅料理法 #烤得金黃金黃 #加上醬油 #滋滋 #鹹香好滋味

xxteukxx FOLLOW ···

♥ ◯ ↗

白帶魚 #照燒白帶魚 #大塊白蘿蔔 #辣辣的 #嗆辣美味

xxteukxx FOLLOW ···

♥ ◯ ↗

肉，蔬菜 #牛肉才是王道 #茄子_南瓜 #撒上鹽和胡椒_就超好吃

利特的料理 STAGRAM

xxteukxx FOLLOW ···

♥ ◯ ↗

雞蛋＋炸醬 #蛋炒飯和 #炸醬麵 #完美絕配

xxteukxx FOLLOW ···

♥ ◯ ↗

年糕串 #Q 彈口感 #一口接一口 #吃串串的樂趣 #年糕串

xxteukxx FOLLOW ···

♥ ◯ ↗

辣炒年糕 #現在是年糕專家 #放入餃子 #還有起司 #我一人獨享 #不好意思 GRAM

xxteukxx FOLLOW ···

♥ ◯ ↗

韓式烤肉 #自製醬料烤肉 #加點雞蛋 #做成蓋飯 #啊姆啊姆 STAGRAM

xxteukxx FOLLOW ···

♥ ◯ ↗

拌冷麵 #火紅滋味 #放入泡菜 #攪來拌去 #找回消失的胃口

xxteukxx FOLLOW ···

義大利麵 # 太陽蛋 # 番茄醬 # 只有我知道的 # 絕配 # 義大利麵

xxteukxx FOLLOW ···

義大利麵 2 # 牛排 # 義大利麵 # 起司也一起 # 擺盤 # 超滿意

xxteukxx FOLLOW ···

香蒜橄欖油風 # 加點蝦 # 呼嚕嚕 # 炒一炒 # 香蒜橄欖油鮮蝦義大利麵

xxteukxx FOLLOW ···

魚板湯 # 魚板滿點 # 濃郁湯頭 # 還放了香菇 # 口感一級棒

xxteukxx FOLLOW ···

什錦燒 # 日式煎餅 # 什錦燒 # 柴魚片在跳舞 #DANCEDANCE

xxteukxx FOLLOW ···

辣炒豬肉 # 火紅醬汁 # 肉就是要厚厚的 # 超下飯 # 辣炒豬肉

xxteukxx FOLLOW ···

起司辣炒雞排 # 甜甜辣辣 # 放入起司 # 香噴噴 STAGRAM # 起司辣炒雞排

xxteukxx FOLLOW ···

披薩 # 披薩店老闆的兒子做的 # 墨西哥薄餅 # 豪華總匯披薩

如果對料理有莫名的恐懼，不知如何著手，
就從簡單的料理開始吧！
購買處理好的食材能縮減料理步驟、增加樂趣，
利用市售調味料提味也很便利。

獨居男子利特推薦——「一人飽全家飽料理」
用櫃子和冰箱中一定有的簡單食材，
就能輕鬆完成的超簡單食譜！

PART 2

一個人也能輕鬆**吃得飽嘟嘟**！

一口一個～獨居者的簡便料理

鮭魚握壽司

연어주먹밥

握壽司小巧好看又好吃！鮭魚加入照燒醬調味再放上握壽司，烤過的蔥段更能突顯香氣，口感清爽不油膩！

一口一個～趕快品嘗一下！

INGREDIENT

必備食材
鮭魚 200g、熱飯 1 碗

調味
鹽少許、芝麻少許、香油 1ts

調味醬
蔥 ¼ 根、薑 2 塊、照燒醬 6Ts、味醂 1Ts、米酒 2Ts、水 2Ts

HOW TO MAKE

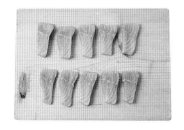

1　鮭魚切成厚片。

2　蔥切長條後對半切，薑切片。
　照燒醬、味醂、米酒、水、蔥與薑混合調製成調味醬。

3　平底鍋中放入調味醬，煮滾一次後，蔥撈出。
　放入鮭魚以小火煮入味。

4　在熱白飯中放入鹽、芝麻、香油混合均勻。

5　將調味好的飯捏成一個一口大小，放上照燒鮭魚和蔥。

COOKING TIP

味醂可用醬油 3Ts、糖 1Ts 替代。

媽媽說～要吃飯才有力氣！
黃豆芽拌飯

「人要吃飯才有力氣！」
這是媽媽常對我說的話。

我就算凌晨很晚才回到家，早上媽媽還是會叫我起床吃飯。
後來我一個人住，才真正了解吃飯的重要性。
現在，那個總是讓媽媽叮嚀「記得吃飯」，
卻嫌媽媽嘮叨的兒子，不但會自己動手煮飯，
還會親手做料理給媽媽吃，是不是很有長進呢？
愛上做料理後，我和媽媽之間的對話也變多了。

我和媽媽最常聊的話題就是料理、廚房用具、碗盤和打掃。
「這樣做會很好吃。」
「那樣做很方便！」
我很喜歡和媽媽分享嘗試新料理後的心得。

說到「吃飯才會有力氣」，我和媽媽最喜歡的料理就是黃豆芽拌飯。
只要在煮飯時滿滿鋪上一層黃豆芽就輕鬆搞定！
再調一碗調味醬拌著吃，連其他配菜都完全不需要。
想好好吃個飽、更有力氣做事的日子，就來煮黃豆芽拌飯吧！
爽口的豆芽和濃郁的香氣，真的會讓人不知不覺就嘴角上揚。

爽口噴香，一碗飯立刻扒光

黃豆芽
拌飯
콩나물비빔밥

誰說拌飯就一定要有很多配菜？ NO ！用電鍋就能輕鬆搞定！

將黃豆芽和飯一起煮，能吃到黃豆芽的清脆口感，黃豆芽還有消除疲勞的效果，可放入昆布和香油，讓飯的光澤感和香氣 UP ！再加點富含蛋白質的牛肉更是營養滿分，完全不需要其他配菜。

左手拌一拌，右手拌一拌，不知不覺一碗飯就吃得乾淨溜溜！

尤其是放入牛肉拌著吃～簡直人間美味！大家都懂吧？

INGREDIENT

必備食材
米 1 杯、水 ¾ 杯、香油 1Ts、昆布 1 片

選擇性食材
黃豆芽 2 把（100g）、牛絞肉 50g

醃料
市售烤肉醬 2Ts

調味醬
蔥花 1Ts、蒜末 ½Ts、醬油 2Ts、梅汁 1Ts、香油
1Ts、辣椒粉 ½Ts、芝麻 1Ts

HOW TO MAKE

1　將米洗淨，浸泡 20 分鐘。在電鍋中放入浸泡過的米，加水並放入香油、昆布、黃豆芽一起煮。

2　烤肉醬加入牛絞肉中，充分混合，以大火快炒。

3　混合蔥花、蒜末、醬油、梅汁、香油、辣椒粉與芝麻，調製成調味醬。

4　飯煮熟後，用飯勺將飯和黃豆芽均勻混合並裝盤，放上炒好的牛肉，與調味醬一起上桌。

COOKING TIP

煮飯時放入昆布，能讓米飯更有光澤，增添香氣。

香油能去除黃豆芽的腥味；也可將牛肉切成肉絲取代牛絞肉。

美味的小確幸
午餐肉雞蛋蓋飯

機智問答！
《最佳料理秘訣》的主持人
利特的本名是什麼？

大家可能都很熟悉利特這個名字了，但我的本名是朴正洙。在我得到「利特」這個藝名前，當了非常久的練習生。加入 Super Junior 出道前，度過了 5 年的練習生生活。在那 5 年中，朴正洙就是個長壽的練習生，從 18 歲到 23 歲，當其他朋友已經漸漸開始出道的時期，朴正洙，依然是一個被留下的練習生。不知道到底能不能出道，不知道能否成為歌手……看不清未來的路，真的非常辛苦。

每當準備組的團體再次告吹，出道日又往後延時，心情真的格外煎熬。是不是我還不夠格？這真的是我該走的路嗎？再怎麼努力也難以改變的現實不斷折磨著我。

雖然已經是過去的事了，但是只要想起那時的朴正洙，還是會感到心疼。

我現在會愛上料理，和漫長的練習生生活不無關聯，因為我喜歡料理的簡單乾脆，只要開始動手，處理食材後按照步驟做，立刻就能看到成果。即便因為不上手或料理實力不足而做出不好吃的食物，但只要繼續不斷練習，最終一定能做出美味的料理，這就是料理的魅力。對我來說，料理就是小確幸。

像這種時候，當然是材料簡單又能做出一定風味的料理最適合了，利特推薦給大家的小確幸料理，只要用家裡現成的蔥和雞蛋就能輕鬆完成一道蓋飯。吃一口，立刻就能感受到小小的幸福感喔！請大家跟我一起做做看吧！

10 分鐘就搞定，取向狙擊！

午餐肉雞蛋蓋飯
스팸달걀덮밥

利用午餐肉罐頭本身的油脂將午餐肉煎得金黃，既保留午餐肉的香味，也不會過於油膩。蓬鬆的炒蛋加上洋蔥和蔥，光是聞到香氣就讓人食指大動的蓋飯完成了。如果再加上美乃滋，真是好吃到都不想分給別人吃了啊！

INGREDIENT

必備食材（2 人份）
熱飯 2 碗、雞蛋 3 個、午餐肉罐頭
（100g）、蔥 ½ 根

選擇性食材
洋蔥 ½ 個、大蒜 1 瓣、胡椒少許

調味料
味醂 1Ts、鹽少許、胡椒粉少許

調味醬
蠔油 ½Ts、美乃滋少許

COOKING TIP

將美乃滋裝入塑膠袋，尖端位置剪一個小口，就能擠出細細的美乃滋線條，做出漂亮的裝飾。

HOW TO MAKE

1 午餐肉切成 1 公分大小，放在濾網中先以熱水汆燙。

2 平底鍋加熱，放入午餐肉略炒後轉小火。

3 在雞蛋中加入調味料均勻混合，將蛋液倒入鍋中，以筷子攪拌至半熟成炒蛋，盛起備用。

4 鍋中倒入食用油，放入大蒜、切好的洋蔥和蔥爆香，香味出來後加入蠔油拌炒。

5 熱飯裝盤，放上炒蛋、洋蔥、蔥等。

6 擠上美乃滋就完成囉。可根據個人喜好撒上胡椒。

利特食堂招牌菜
奶油鮮蝦義大利麵

義大利麵是我最有信心的料理之一。
想要簡單解決一餐時，
馬上就能動手做的就是義大利麵了。

我一個人常做義大利麵來吃，不知不覺就變得很會煮。
和 Super Junior 成員們一起住宿舍時，也很常煮給他們吃。
我煮的義大利麵可是成員一致公認的好吃喔！
如果有機會，我最希望能親自招待粉絲的料理就是義大利麵。
雖然我有時候也會直接使用市面上賣的醬料，
但主持《最佳料理祕訣》時，
學會利用冰箱食材做出和餐廳一模一樣的義大利麵。
老實說，在錄《最佳料理祕訣》時，
老師看到我做的義大利麵，還開玩笑說要和我互換位置呢～

我家的廚房可以沒有泡麵，但不能沒有義大利麵條。
在家也可以利用現有食材做出香濃的奶油義大利麵。
不論是誰都能輕鬆上手的白醬義大利麵做法，
方法真的超～簡～單，會簡單到讓大家嚇一跳喔！

不輸餐廳的香濃
奶油鮮蝦
義大利麵
새우크림파스타

一點都不輸高級義大利餐廳的白醬義大利麵，可以隨意加入冰箱中現有的食材～可以放蝦子、加點辣椒粉炒一下，留住蝦子的鮮美，最後加一片起司，奶油義大利麵上桌。

是不是很簡單？這裡到底是義大利還是韓國？小心好吃到頭都昏了喔！

INGREDIENT

必備食材
義大利麵 50g、水 1L、鹽 1Ts
、切達起司 1½ 片、帕瑪森起
司粉少許、牛奶 ½ 杯

選擇性食材
蔥 ⅓ 根、蝦子 10 尾、辣椒粉
3Ts、洋蔥 ⅔ 個

調味
橄欖油 2Ts、奶油 1Ts、鹽少
許、胡椒粒少許、洋香菜末少
許

HOW TO MAKE

1 滾水中放入鹽、義大利麵條，煮 6 分鐘。
2 蔥切末；洋蔥切絲；在牛奶中加入切好的蔥花；蝦子拌入辣椒粉調味。
3 放入橄欖油，熱油鍋，加入奶油和洋蔥，炒至洋蔥出現香氣後，放入蝦子與鹽拌炒。
4 蝦子呈半熟狀態時加入牛奶，煮開一次後，等醬汁稍微收汁後，放入煮好的義大利麵與切達起司，再煮約 3 分鐘。
5 磨碎胡椒加入，撒上帕瑪森起司粉與洋香菜。

COOKING TIP

1 人份的義大利麵約以拇指和食指圈起來、約新臺幣 10 元大小的分量。

將蔥放入牛奶中一起煮，蔥的香氣更迷人。

一個人在家，
總是有懶得動手做的時候。

自己一個人住，一人飽全家飽，常常因此就隨便打發一餐。

我也曾經有好一段時間常常叫外送，雖然好吃又方便，但油膩的外食吃多了，長久下來消化變得不太好。

為了吃得健康點，也想自己動手做，但是……

尤其在炎熱的夏天！懶得開伙的日子，就做點清爽的料理吧！

一口一個，好吃又簡單的鮪魚小黃瓜飯糰就是正解。

材料非常簡單，只要用獨居者廚房的必備品——鮪魚罐頭就完成！

白飯中加上洋蔥末、鮪魚和美乃滋拌勻，以爽口的黃瓜裝飾，是和叫外送一樣輕鬆又容易的美食喔！

一口一個～獨居者的簡便料理
鮪魚小黃瓜飯糰

簡單而且超好吃

鮪魚
小黃瓜飯糰
참치마요오이주먹밥

在美乃滋和鮪魚中加入洋蔥，就神奇的降低了油膩感！
再放上清脆爽口的酸黃瓜，酸酸甜甜的味道～保證胃口大開！

INGREDIENT

必備食材
白飯 1 碗、鮪魚罐頭 1 罐（85g）、洋蔥末 2Ts

調味
鹽少許、胡椒粉少許、美乃滋 2Ts，香油 ½Ts、芝麻少許

選擇性食材
海苔酥 2Ts、小黃瓜 ½ 根

HOW TO MAKE

1 以濾網瀝乾鮪魚罐頭多餘的油。

2 在瀝乾油的鮪魚中放入洋蔥末、鹽、胡椒、美乃滋，均勻混合。

3 海苔酥弄碎，放入熱飯中，加入香油與芝麻拌勻。

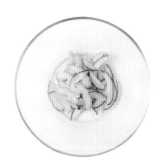

4 小黃瓜對切，切成薄片，加鹽醃10分鐘後，瀝乾水分。

5 調味好的飯糰捏成一口大小，中間稍微挖一個洞，裝入調味好的美乃滋鮪魚，上方以小黃瓜裝飾。

身為 Super Junior 隊長，
我小時候也常扮演領導者的角色喔。

我在求學時期很常擔任班長。

那時我的綽號是朴陣風，因為我做事總像是一陣風般快速確實，所以老師幫我取了這個綽號。一如其名，我連做料理也像一陣風一樣，喜愛鑽研快速又好吃的料理。想簡單做點東西填飽肚子時，不妨利用家裡剩下的小菜，做綠豆涼粉吧！

其實我小時候不太喜歡吃涼粉，主持料理節目後，才對涼粉有了新的認知。建議大家平常可以先買市售的高湯包，分裝冷凍起來，隨時要用都很方便。QQ 彈彈的涼粉和清脆爽口的小黃瓜，能增添咀嚼的口感，在涼爽高湯中放入冷飯與小菜，味道更香醇了，是快速就能完成的清爽美味！

《最佳料理祕訣》主持人朴陣風——強力推薦！

光速完成清爽的一品！
綠豆涼粉飯

讓惹人嫌的冷飯
變身美味料理

綠豆涼粉飯
청포묵밥

冷飯加入拌了香油的泡菜和海苔～放上小黃瓜～
倒入微微冰凍過的高湯，
就完成了清爽消暑的好滋味！

INGREDIENT

必備食材（2 人份）
涼粉 1 塊（150g）、泡菜 50g
、冷飯 1 碗、微凍的高湯 1 包
（320ml）

選擇性食材
調味海苔少許、黃瓜 ¼ 根

調味料
香油 1Ts、芝麻 1ts

COOKING TIP
涼粉切成長條狀才能保留 Q
彈口感，稍微燙一下會更柔
軟。

HOW TO MAKE

1　涼粉切長條，稍微以滾水氽燙
　過，用濾網過濾。

2　將調味海苔裝入塑膠袋中弄
　碎；小黃瓜先切片再切絲；泡
　菜切絲，加入香油調味。

3　白飯裝入碗中，加入切好的涼
　粉、小黃瓜與調味過的泡菜。

4　倒入微凍的高湯，撒上碎海苔
　和芝麻。

刀切麵？麵疙瘩？
小孩子才選～煮一碗辣呼呼的
刀切麵疙瘩

我媽媽非常喜歡麵料理。
不知道是不是像媽媽的緣故，
所以我也很喜歡麵料理。

雖然我現在已經獨立生活，
但以前和媽媽一起住時，
每當工作結束回到家，
媽媽都會端上一碗麵，
像刀切麵、麵疙瘩、宴會麵線等。
呼嚕嚕～呼嚕嚕～好吃的麵一下子就見底了！
雖然一個人住有不少優點，
卻經常想念媽媽做的料理，
每當這時，我就會動手煮一碗麵。

刀切麵？還是麵疙瘩？
小孩子才選！直接來碗刀切麵疙瘩！
放入酸酸的泡菜，
加上辣呼呼的青陽辣椒，
刀切麵與麵疙瘩風味兼具的餐點完成！
一口呼嚕嚕～柔軟的刀切麵，
一口充滿嚼勁的麵疙瘩，再喝一口勁辣的湯，
連飢腸轆轆的心都被填滿了！

這就是媽媽的味道

刀切麵疙瘩
칼제비

用市售昆布高湯包煮滾,放入刀切麵和麵疙瘩,加點辣辣的青陽辣椒和紅辣椒。
喜歡的話,加點酸泡菜更能促進食慾。
一道飽足感滿分、能撫慰飢餓腸胃的料理上桌囉!

INGREDIENT

必備食材(2 人份)
刀切麵條 150g、麵疙瘩 130g、酸泡菜 ½ 杯、水 4 杯、市售昆布高湯包 1 個

選擇性食材
馬鈴薯 ½ 顆、洋蔥 ⅔ 個、青陽辣椒 ½ 根、紅辣椒 ½ 根、蔥 ½ 根

調味醬
鮪魚魚露 2ts、鹽少許、胡椒少許

HOW TO MAKE

1 將昆布高湯包放入水中煮滾,轉中火再煮 10 分鐘。

2 撣掉刀切麵多餘的麵粉,切成條狀;麵疙瘩一一分開,以冷水沖洗。

3 酸泡菜切成容易入口的大小;馬鈴薯切成半月形;洋蔥切絲。

4 撈出湯料包,加入馬鈴薯、洋蔥及酸泡菜煮滾。

5 放入刀切麵、麵疙瘩、切好的青陽辣椒、紅辣椒及斜切蔥片,熬煮 5 分鐘後,加入鮪魚魚露、鹽與胡椒調味。

今天吃蓋飯
明天當小菜

魚板蓋飯
어묵덮밥

讓魚板料理更美味的利特牌祕訣～
以滾水沖洗魚板，去除表面油膩感，吃起來更爽口。
炒魚板時放入調味醬的湯底一起熬煮，更能煮出魚板的鮮甜。
無論是做炒年糕或魚板湯，活用湯底是非常重要的喔！
最佳配菜炒魚板～不妨加入各種食材挑戰看看吧！

我的第一次料理挑戰！
魚板蓋飯

對料理新手來說，
料理真是個困難的課題。

就算已經認真研讀食譜，一旦剛開始做料理，從處理食材、調味料要放多少？用大火還是小火……總是手忙腳亂又慌張。
別擔心，現在我來告訴各位料理新手，和料理變親近的祕密。

首先，先嘗試挑戰喜歡且熟悉的料理。把自己當成主廚，想像正在做自己喜歡的料理。
接著，嘗試挑戰做法簡單的料理。簡單的料理成功

機率也高，先從簡單的開始慢慢熟悉，就能自然上手。

我在《最佳料理祕訣》節目中，第一個挑戰的料理就是辣椒炒魚板，這對料理新手來說相當容易。炒魚板也很適合當作小菜，但如果多加入一點食材，還能做成豐富的蓋飯，是一道能增進料理信心的料理。別害怕，一起來挑戰看看吧！

INGREDIENT

必備食材
四角魚板 2 片、洋蔥 ⅙ 個、蘑菇 2 朵、飯 1 碗

選擇性食材
青椒、紅椒各 ¼ 個、雞蛋 1 個、黑芝麻 2 粒

調味醬
醬油 1Ts、香油 1Ts、果糖 1Ts、辣椒粉 1Ts、芝麻鹽 ½ts、蠔油 1ts、鮪魚魚露 1ts、太白粉 1ts、市售昆布高湯包 ½ 杯

HOW TO MAKE

1 魚板切大塊，滾水沖洗去油膩。

2 洋蔥、青椒、紅椒切細絲；蘑菇切片。

3 熱油鍋，炒洋蔥至變軟後，放入魚板、青椒、紅椒快炒，再加入蘑菇略炒。放入混合好的調味醬，熬煮到湯汁變濃稠。

4 另起油鍋，煎蛋，蛋黃上放兩粒芝麻，做為裝飾。

5 白飯盛盤後，放上炒好的魚板料和雞蛋。

COOKING TIP
可在調味醬中加一點太白粉調整濃稠度。

昆布高湯包的熬製方法可參考「刀切麵疙瘩（P49）」。

P·L·U·S R·E·C·I·P·E **辣炒魚板**
빨간 어묵볶음

調味料容易燒焦，要大火快炒！

INGREDIENT

必備食材
四角魚板 1 片、洋蔥 ⅙ 個、蘑菇 2 朵

選擇性食材
青辣椒 ½ 根、紅辣椒 ½ 根

調味醬
醬油 1ts、香油 1ts、果糖 1ts、辣椒粉 1ts、芝麻鹽 ½ts

HOW TO MAKE

1 魚板切大塊，滾水沖洗去油膩。
2 洋蔥切細絲；青辣椒、紅辣椒切粗長條。
3 蘑菇切大塊。
4 熱油鍋，炒洋蔥至變軟後，放入魚板、辣椒、蘑菇爆炒。
5 放入混合好的調味醬，再翻炒一下即可。

經典定食～一石二鳥的最佳選擇！
炸醬麵 & 蛋炒飯

要吃炸醬麵、海鮮辣湯麵，還是炒飯？
這是個好問題！

在中餐廳點餐時，應該大家都有過這種苦惱吧！
我在外面點餐時會陷入糾結，但在家就一次兩種都做來吃就好。
市售炸醬麵煮起來很容易，搭配香噴噴的蛋炒飯～
人生哪來那麼多煩惱呢？
盡情的吃想吃的東西，就是一大幸福！
能一次吃到所有想吃的東西，
那美好的感覺，相信試過的人都懂吧！

在炸醬麵中加入洋蔥，會讓整體風味都變高級喔！
如果搭配香噴噴的蛋炒飯，更是錦上添花。
獨一無二的獨享套餐就完成了！

跟利特一起變身星期天的料理大師——
喔不～是每天都能當做得一手好料理的料理大師！

以超人氣中式料理完成
獨享定食

炸醬麵 & 蛋炒飯

짜장파티 & 달걀밥

市售炸醬麵好吃又方便！加點青陽辣椒就能增添香辣風味～
搭配一碗散發濃烈香蔥氣息的蛋炒飯，
一個人吃實在有點可惜的獨享定食完成！

必備食材
速食炸醬麵 1 包、洋蔥 ¼ 個、
煮麵水 ½ 杯、水 5 杯

選擇性食材
青陽辣椒 ½ 根

調味
辣椒粉少許

HOW TO MAKE

1　滾水中放入炸醬麵，麵差不多
熟時，再多煮 2 分鐘。

2　煮好的麵沖冷水後，以濾網瀝
乾，留下 ½ 杯煮麵水備用。

3　熱油鍋，放入麵、切丁的洋蔥、
煮麵水、炸醬麵調味包拌炒。
放入切片的青陽辣椒，裝盤後
撒上辣椒粉。

P·L·U·S R·E·C·I·P·E **蛋炒飯**

INGREDIENT

必備食材
雞蛋 1 個，蔥 ½ 根（50g）、
飯 1 碗

選擇性食材
細蔥 20g

調味
米酒 1Ts、鹽少許、胡椒粉少
許、鮪魚魚露 1Ts

HOW TO MAKE

1　去除雞蛋的卵黃繫帶，放入米酒、鹽、胡椒粉去腥。
2　蔥切成蔥花。
3　熱鍋，放入足夠的油，放入蔥做成蔥油。
4　打蛋入鍋，底部稍微熟時，用筷子攪拌，做成炒蛋。
5　炒好的蛋推至鍋緣，中間放入白飯，以飯勺翻炒。加入鮪魚魚露調味，
不夠鹹可再加點鹽。
6　將炒蛋和飯均勻混合，裝盤後撒上蔥花。

一個人住不孤單〜超人氣獨享料理
蘿蔔塊泡菜炒飯

韓國人的冰箱中必備小菜，
今天就用蘿蔔塊泡菜做料理吧！

大家通常會拿剩飯做泡菜炒飯，
我剛開始一個人住時，也常做泡菜炒飯，
但天天吃泡菜炒飯很容易膩，
可以做點不同的〜蘿蔔塊泡菜炒飯！

吃烤肉時，總覺得蘿蔔塊泡菜炒飯實在是一絕，
對於把吃「飯」看成人生大事的韓國人而言，
就連飯後點心都是炒飯。
炒飯做法超簡單，只要家裡有平底鍋，
把料和飯炒一炒就輕鬆完成。

肉先醃過，蘿蔔塊泡菜切細，放入平底鍋中炒〜
大功告成！
曾有一個朋友吃了我做的蘿蔔塊泡菜炒飯後說：
「真是好吃到差點想跟你結婚！」

這個朋友，就是 Super Junior 的神童。
有點悲傷的是，我的料理實力目前只能在 SJ 成員們面前展示……
希望有一天，我能以親手做的料理求婚！
誠心希望〜

口感爽脆的蘿蔔大變身

蘿蔔塊
泡菜炒飯
깍두기볶음밥

先用烤肉醬醃過的牛肉，炒好後真是又香又辣！

將蘿蔔塊泡菜切得細細小小，口感更佳，加點蘿蔔塊泡菜的湯汁更是重點。

將做好的蘿蔔塊泡菜炒飯弄成圓形放在鍋子正中央，倒入均勻打散的蛋液～

在烤肉店裡吃到的就是這個味！

比烤肉還意猶未盡啊！

INGREDIENT

必備食材
蘿蔔塊泡菜 30g、蘿蔔塊泡菜湯
汁 3Ts、飯 1 碗、牛肉片 50g、
市售烤肉醬 2Ts、蔥 ½ 根

選擇性食材
雞蛋 2 個、莫札瑞拉起司 ½ 杯、
細蔥 3 株

調味
米酒 1Ts、紫蘇籽油 1Ts、洋香
菜粉少許

HOW TO MAKE

1　牛肉去除血水後，均勻抹上市
　　售烤肉醬略醃。

2　蔥切蔥花；蘿蔔塊泡菜切細，
　　要稍微保留原本形狀。

3　熱油鍋，放入蔥花爆香後，加
　　入醃牛肉拌炒。

4　牛肉熟了後，加入蘿蔔塊泡菜
　　略炒，淋上蘿蔔塊泡菜湯汁，
　　放入白飯與紫蘇籽油拌炒。

5　蛋液加入莫札瑞拉起司、米
　　酒、蔥花混合。

6　將炒飯放到鍋子中間塑形，從
　　鍋緣倒入調味蛋液煮熟後，撒
　　上洋香菜粉。

一碗湯飯的浪漫
血腸湯

「我果然年紀大了呢。」
之所以會有這樣的體悟，
是當我喝了一口熱呼呼的湯，
身體馬上有感覺時。

我很喜歡桑拿，幾乎每天都會去，泡在溫暖的熱水中，
就會想：「人生有什麼大不了的，這才是幸福啊！」
彷彿世間所有煩擾都遠去，無事一身輕。
我也在桑拿遇過粉絲，
還曾有一位伯父在桑拿評價了我的料理。
「本人比電視帥喔，沒想到真的那麼會做菜～」
全身脫光光時聽到這種評價，還真有點害羞。

年紀漸長後，我的喜好也反映在湯湯水水上，
現在的我很喜歡小時候根本不太吃的湯飯。
我的同齡好友希澈是貓舌頭，吃不了太燙的食物，
連在餐廳吃白飯，都要先分裝到碗盤放涼才吃。
我年輕時也不太愛吃燙的，現在卻非常喜歡吃熱騰騰的湯飯，
尤其是血腸湯，只要一碗就能吃飽又心滿意足！
血腸湯就是要一邊「呼～呼～」的吹著吃，才是王道！
我就像是變成了懂得所謂「大人的味道」的成年人那樣開懷，
已經一腳踏進大叔的世界了啊……也沒辦法。

至少現在，我已經不怕變老了。
隨著年紀增長，看待世界也有更多不同的浪漫角度，
例如懂得品味血腸湯的醇厚香氣了。

血腸跌進了濃郁的
牛大骨湯裡

血腸湯
순댓국

在家裡也可以享用美味的湯飯，只要用市售牛骨湯底加上切成大塊的血腸，就能輕鬆完成血腸湯。

雖然都是現成的食材，親自動手做的調味醬可是關鍵！加入蔥花、大蒜與辣椒油的辣味醬更畫龍點睛。

血腸湯中放入辣味醬和蔥，熱騰騰的吃上一口～煩惱盡消！

INGREDIENT

必備食材
市售血腸 80g、市售牛骨高湯 100ml

選擇性食材
蔥 ½ 根、蝦醬少許

調味醬
蔥花 1Ts、蒜末 ½Ts、辣椒粉 1Ts、味醂 1Ts、醬油 1Ts

HOW TO MAKE

1 血腸切大塊，蔥斜切片。

2 將蔥花、蒜末、辣椒粉、味醂與醬油混合，調成調味醬。

3 鍋中倒入市售牛骨高湯煮滾後，放血腸和蔥片，再煮 7 分鐘。

4 裝盤，放上調味醬。也可依個人喜好加蝦醬提味。

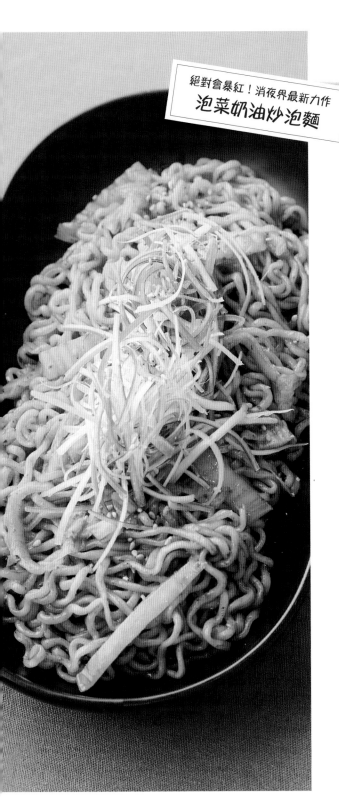

絕對會暴紅！消夜界最新力作
泡菜奶油炒泡麵

「你的興趣是什麼？」
這是個很常見、
卻很難回答的問題。

現在是強調個人喜好的時代。
很多人會在社群網站分享自己的生活，
就像在向眾人宣告自己的喜好。

我其實沒什麼能稱得上興趣的東西，
光從我的個人 IG 應該就看出來了吧！
幾乎都是料理和小狗「心空」的照片。
除此之外唯一的興趣，大概就是去看午夜場電影。
如果有時間，我就會去看午夜場電影，
主要都看最新上映的電影。
看電影喜歡「新上映的」，
買東西也喜歡「新推出的」，
真是個很無趣的男人啊！
喔，還有，如果有新食材上市，
尤其是新出的泡麵，我一定會買一包吃吃看。
我也愛用泡麵研發料理，畢竟只要有泡麵調味包，味
道就很難出錯。
我也很愛上網看最近的人氣料理，跟著一起做。

因為這樣，讓我發現了新食譜！
只要有泡菜、奶油與泡麵，就能完成特製泡麵。
先將泡麵煮熟，加入半包調味包，
與奶油和泡菜一起炒，
就會出現讓人上癮的人間美味！
肚子有點餓時，要不要來一包深夜泡麵呢？
泡麵雖然會讓人上癮，卻不用擔心中毒喔！
不過……萬一你隔天臉太腫，我可沒辦法負責喔～

辣辣泡麵用炒的
更香更好吃

泡菜奶油
炒泡麵
김치버터라면

如果你只懂單吃泡麵，那可就就落伍啦！
用香濃奶油和切碎的泡菜做成炒泡麵，香辣風味更加倍！
把泡麵煮好，加上調味包和一點水，裝盤後撒上蔥絲與芝麻，
如果想吃更辣也可以加點胡椒，超順口的泡菜奶油炒泡麵完成囉！
試著做做看吧！

INGREDIENT

必備食材
韓式泡麵 1 包、泡麵調味包 ½
包、泡菜 ½ 杯、奶油 1Ts、水
2Ts

選擇性食材
蔥絲少許、芝麻少許

HOW TO MAKE

1　泡麵放入滾水中煮到 8 分熟。

2　熱鍋，奶油融化後，放入切好
　的泡菜，炒至金黃。

3　蔥絲先泡冷水，去除辣味後，
　撈出瀝乾。

4　將 8 分熟的麵放入平底鍋，加入調
　味包、水拌炒，注意麵不要黏在一
　起。裝盤後放上蔥絲和芝麻。

小時候媽媽為我做料理的身影，
至今仍鮮明的烙印在腦海中。

要去郊遊的日子，餐桌上總是堆滿形形色色的食材。
粉紅的火腿、綠色的菠菜、黃色的醃蘿蔔與雞蛋
捲……只要看到這些，就忍不住興奮的心情。雖然
飯捲就是要放很多餡料才是王道，不過只放一種材
料也能很美味。只要將飯均勻拌入香油，再加上香

噴噴的海苔，就能吃到單純的飯捲香氣。
我很喜歡甜甜辣辣的辣魷魚絲海苔飯捲。辣魷魚絲
（真味菜）也是一道製作容易的韓國家常小菜。放
進飯捲中一起捲捲捲～變成辣魷魚絲海苔飯捲，當
配菜吃也很棒喔！

只要有辣魷魚絲就搞定的超簡單飯捲！
辣魷魚絲海苔飯捲

忍不住一個接一個的小飯捲！

辣魷魚絲
海苔飯捲

진미채김밥

甜甜辣辣的醬料與魷魚絲一起拌勻，再加入美乃滋，味道會更香濃！
先把海苔裁切好，不用壽司捲簾也能輕鬆捲好。
飯捲也可加入炒小魚乾或炒魚板等各種小菜，動手捲一捲～輕鬆完成美味的一餐！

INGREDIENT

必備食材（1～2 人份）
辣魷魚絲 700g、飯 2 碗、海苔 2 張

選擇性食材
醃黃蘿蔔 20g

調味醬
辣椒醬 1Ts、醬油 1ts、蒜末 1ts、果糖 1Ts、糖 1ts、芝麻 1ts

調味
美乃滋 2Ts、香油 1ts、鹽少許

HOW TO MAKE

1　將辣椒醬、醬油、蒜末、果糖、糖、芝麻混合成調味醬，放入鍋中煮滾後，放涼備用。

2　將辣魷魚絲切成 2～3 公分長，加入美乃滋拌勻，放置 5 分鐘後，再加入調味醬拌勻。

3　醃黃蘿蔔切細絲。

4　在熱飯中加入香油和鹽拌勻。

5　飯均勻鋪在海苔上，放上辣魷魚絲、醃黃蘿蔔絲捲起。

COOKING TIP

先將海苔切成 ¼ 大小，2 大張海苔共可切 8 小張。

魷魚絲切短一點比較好捲。

調味醬要冷卻後才能拌入魷魚絲，口感才不會乾硬。

邊拌邊吃，不知不覺嗑掉一整碗
蘿蔔葉泡菜拌飯

沒胃口時，只要有蘿蔔葉泡菜，
就能不知不覺吃下一大碗飯！

因為我非常喜歡做料理，每到《最佳料理祕訣》錄影的星期四，總是超級興奮。

而「泡菜特輯」是我最期待的單元。錄影結束後，參與節目的料理大師總會將他們親手醃製的泡菜送給我們。手藝絕佳的料理大師親自做的泡菜，真是名符其實的「最佳料理」。

節目中偶爾也會用大白菜之外的蔬菜做不同口味的泡菜，我曾收到過芥蘭頭泡菜，真是好吃到我連湯汁都省著吃，很捨不得吃完。那是我擔任《最佳料理祕訣》主持人所收到的珍貴禮物。

做了幾次「泡菜特輯」後，我還和神童一起嘗試親自醃泡菜，吃過「利特牌」泡菜的人無不豎起大拇指說讚，果然節目的「泡菜特輯」對我很有幫助呢！

想不想知道利特醃泡菜的祕訣呢？

在一年中結束農忙之際，先醃小蘿蔔泡菜，等小蘿蔔泡菜差不多都吃完時，剛好香甜的大白菜就成熟上市了，接著做白菜泡菜，真是又甜又好吃。

而我最喜歡的泡菜是蘿蔔葉泡菜！等泡菜熟成後，和熱呼呼的白飯一起吃，想到就流口水。一口清脆爽口的蘿蔔葉泡菜，一口清爽的泡菜湯汁，其他配菜都不需要了。有時候再加上冰箱裡的現有食材，還能做一碗滋味絕佳的蘿蔔葉泡菜拌飯。

只吃一碗飯，對蘿蔔葉泡菜來說很失禮喔！多盛一點飯，放上炒蛋、香噴噴的鮪魚與梅汁──這是利特牌特調醬料喔！拌飯時別忘了淋點香油……寫到這裡，害我現在就好想吃喔！

只吃一碗？
再來一碗也能瞬間掃光！

蘿蔔葉泡菜
拌飯
열무비빔밥

清脆爽口的蘿蔔葉泡菜加上香噴噴的炒蛋，真是天作之合！
放入鮪魚更香氣逼人，用特製調味醬拌一拌，保證讓你捨不得放下筷子。
好～現在一起打開冰箱，拿出蘿蔔葉泡菜吧！

INGREDIENT

必備食材
蘿蔔葉泡菜 50g、紫蘇籽油
1Ts

選擇性食材
熱飯 1 碗、鮪魚罐頭 50g、雞
蛋 2 個

拌飯醬
辣椒醬 1Ts、醬油 1Ts、梅汁
1Ts、蒜末 ½Ts

調味
鹽、香油少許

HOW TO MAKE

1 去除鮪魚罐頭中的油，弄碎；
　蘿蔔葉泡菜切成一口大小。

2 將拌飯醬材料均勻混合，放入
　鮪魚做成特製醬料。

3 熱油鍋，打蛋花後倒入炒熟，
　做成炒蛋。

4 熱飯裝盤，放上拌飯醬、蘿蔔
　葉泡菜、炒蛋，淋上紫蘇籽油。

接下來要介紹我很常做的料理，
也會分享我主持《最佳料理祕訣》時，
向料理大師學來的方法，和我自己的小 TIP。

火鍋、炒菜與湯品，都是能增添餐桌豐富度的主菜，
和我一起變身料理達人吧！

PART 8

餐桌上的主角──主菜

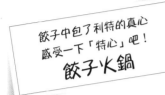

餃子中包了利特的真心
感受一下「特心」吧！
餃子火鍋

「你沒有想像中那麼難搞耶。」
這是實際見過我的人常對我說的話。

很多人以為我的個性屬於敏感又有點難搞的類型，
實際認識後，都對我的平易近人感到驚訝。
大概我太常主持綜藝節目了，即使笑臉迎人，也常被誤會是皮笑肉不笑。
雖然我的個性確實是那種為了不妨礙別人、而對自己很嚴格的類型，
但每一分每一秒，我都很努力付出真心，
我相信，真誠一定能傳遞到別人心中。

身而為人，作為利特、朴正洙，
其實我是個樸實無華、隨和的人。
Super Junior 的成員都說，
我的魅力就是能讓大家凝聚在一起的包容力，
這大概就是我能擔任 Super Junior 隊長長達 15 年的原因吧。
雖然看起來有點難搞，其實內心很寬大的男人！
請大家感受看看，
我一定會溫暖的擁抱大家喔～

利特毫無保留的
真心料理

餃子火鍋
만두전골

在鍋中放入高麗菜、菇類、蔬菜、豆腐等豐富食材，
倒入大骨高湯～加入辣辣的調味醬～
別忘了浸泡過的冬粉，
等待咕嚕咕嚕～煮滾就可以吃囉！

INGREDIENT

必備食材（2 人份）
餃子 5 顆、冬粉 1 把（100g）、大骨高湯 2 杯

選擇性食材
高麗菜 ¼ 顆、杏鮑菇 1 朵、洋蔥 ¼ 個、紅蘿蔔 ¼ 根、
豆腐 ¼ 塊、蔥 1 根、紅辣椒 1 根

調味醬
辣椒粉 1Ts、蒜末 1Ts、辣椒醬 1Ts、湯用醬油 1Ts、
魚露 1Ts、味醂 1Ts、胡椒粉少許

HOW TO MAKE

1　將調味醬材料均勻混合；冬粉泡水備用。

2　高麗菜去除蒂頭、切成一口大小；杏鮑菇切片；洋蔥、紅蘿蔔切細長條。

3　豆腐切厚片；紅辣椒與蔥斜切片。

4　在深鍋中放入處理好的蔬菜和餃子，先加入 ⅔ 左右的調味醬。倒入高湯煮滾，可根據個人喜好調整調味醬分量，最後放入泡好的冬粉煮滾即可。

一碗就元氣滿滿、活力充電 100%！
章魚拌飯

為了健康一定要養成的習慣，
就是飲食習慣。

我在 20 幾歲時，並不覺得吃有多麼重要，
只要填飽肚子就行，隨便都能打發一餐。
加上我不算特別愛吃，有時甚至一整天都沒吃東西。
後來做了急性膽囊炎手術後，才徹底了解「吃」的重要。
人的一天，會隨著吃什麼食物而有所不同，
為了讓我的一天能從好好吃一餐開始，
我現在都親手做健康料理來吃。

覺得缺乏活力時，我會做章魚拌飯，
只要吃一碗就立刻感受到活力都恢復了。
做法也很簡單，先用麵粉搓洗章魚，再切成容易入口的大小，
加上調味醬炒一炒就 OK。
健康的人生，就從為自己做飯開始！

讓我們的一天能充滿元氣的一碗飯，
試著做做看吧！

富含牛磺酸的章魚，
讓你渾身是勁！

章魚拌飯
낙지비빔밥

章魚先汆燙後再炒，口感才不會太軟爛，而且嚼勁更 UP ！
用蠔油調味就不用擔心會太辣，連小孩都可以吃唷。
一邊攪拌一邊吃，當碗盤見底時，我的元氣也充電完成。

INGREDIENT

必備食材（1～2 人份）
章魚 1 隻、洋蔥 ½ 個、大蒜 5 瓣、薑 ½ 塊、蔥 1 根、飯 1 碗、麵粉適量

選擇性食材
青江菜 1 株、紅椒 ¼ 個

調味
鹽、胡椒粉、香油各少許

調味醬
蠔油 1Ts、味醂 1Ts、糖 ½Ts、芝麻少許

COOKING TIP

清洗章魚時，要將內臟和墨囊去除，撒上麵粉用手輕輕搓洗、去除黏液後，放入滾水汆燙，微縮立即撈出。

HOW TO MAKE

1 章魚撒上麵粉輕輕搓洗，以滾水汆燙後撈出泡冷水，冷卻後撈出。

2 將汆燙的章魚切成一口大小；洋蔥、大蒜和薑切絲；紅椒斜切小塊。

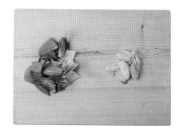

3 青江菜切成一口大小；蔥斜切片。

4 蠔油、味醂、糖和芝麻均勻混合成調味醬。

5 熱油鍋，放入薑和大蒜爆香，接著放洋蔥與蔥略炒後，放入章魚繼續炒。

6 加入調味醬、鹽、胡椒粉與香油，最後放入紅椒和青江菜，大火快炒後起鍋，與熱白飯一起盛盤。

P·L·U·S R·E·C·I·P·E 辣炒章魚 빨간 낙지볶음

加入煮好的細麵拌著吃，別有風味喔！

INGREDIENT

必備食材（2 人份）
章魚 2 隻、洋蔥 ¼ 個、蔥花 1Ts、麵粉適量

選擇性食材
紅蘿蔔 ⅓ 根、高麗菜葉 3 片（50g）、蔥 ½ 根、青
江菜 2 株、紅辣椒 1 根、芝麻 ½Ts

調味醬
蒜末 1Ts、味酥 1Ts、蝦醬 1Ts、辣椒粉 2Ts、醬油
2Ts、果糖 2Ts、香油 1Ts、胡椒粉 ½ts

HOW TO MAKE

1 章魚撒上麵粉輕輕搓洗，滾水汆燙後撈出泡冷水，冷卻後撈出。

2 汆燙的章魚切成一口大小；紅蘿蔔切片；高麗菜切成一口大小；蔥斜切片；青江菜切成 4 等分。

3 蒜末、味酥、蝦醬、辣椒粉、醬油、果糖、香油與胡椒粉均勻混合成調味醬。

4 熱油鍋，放入蔥和洋蔥略炒後，依序放入紅蘿蔔、高麗菜、蔥和青江菜繼續炒，最後放入調味醬。

5 放入章魚和紅辣椒略炒後起鍋，撒上芝麻。

吃剩的豬腳華麗變身！
豬腳冷盤

釜山真是個美食之城！

釜山美食多，從新鮮的海鮮到豬肉湯飯、小麥冷麵、章魚蝦子大腸鍋等代表美食，還有有名的辣炒年糕、涼拌冬粉、堅果糖餅、蒟蒻魚糕等街頭小吃，更是不容錯過。而我每到釜山，有個東西絕對必吃，那就是豬腳冷盤。

雖然一般說到肉類料理，都會先想到烤五花肉或菜包肉等溫熱的料理，但我第一次吃到豬腳冷盤時，真的覺得進入了一個味覺新世界。

Q 彈的豬腳搭配清脆爽口的蔬菜，淋上冰涼醬汁，那滋味光用想的都食指大動！我喜歡吃肉，但每次吃豬腳到最後都覺得油膩，而豬腳冷盤有大量蔬菜，就算一直吃到最後一口也一樣好吃。不只如此，只要想吃，在家也能輕鬆做出豬腳冷盤。只要買現成的豬腳，加上滿滿蔬菜和醬汁就 OK，甚至可以用吃剩的豬腳做。

再告訴大家一個我的小祕訣～用蠔油取代芥末醬。試看看吧！一定能品嘗到獨特的釜山好滋味。

Q 彈豬腳的清涼一擊

豬腳冷盤
냉채족발

現成的豬腳用微波爐稍微加熱,彩椒切成略粗長條,保留清脆口感,再用蠔油、檸檬汁與香菜混合成特級醬料!

好吃到可以一邊唱著趙容弼的〈回到釜山港〉,筷子也絕不停下來。

INGREDIENT

必備食材(2 人份)
豬腳 200g

選擇性食材
紅椒 ½ 個、黃彩椒 ½ 個,小黃瓜 ½ 根

淋醬
蒜末 1ts、青陽辣椒末 2 根、紅辣椒末 1 根、蔥白末 2Ts、風味醬油 3Ts、蠔油 1Ts、檸檬汁 4Ts、醋 1Ts、糖 1½Ts、味醂 1Ts、水 3Ts

---

HOW TO MAKE

1 混合淋醬的材料,放入冰箱 30 分鐘熟成。

2 小黃瓜、彩椒去除蒂頭與籽,切成略粗長條。

3 豬腳以微波爐微波 1 分 30 秒,大塊的切成 2 等分。

4 將豬腳、彩椒和紅蘿蔔裝盤,淋上醬汁。

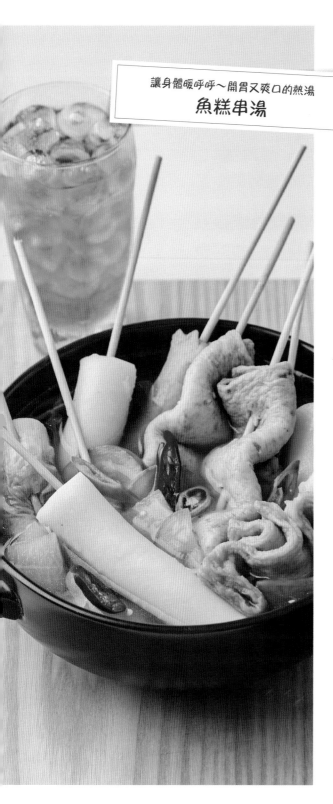

讓身體暖呼呼～開胃又爽口的熱湯
魚糕串湯

我在當兵時養成了
熱愛打掃、愛乾淨的習慣。

一個禮拜至少打掃 4 次，
每次都是徹底認真的清潔，
地板先掃去灰塵後用不織布擦，
最後用濕抹布擦得清潔溜溜。
洗衣服也有我的模式，
除了洗衣精、柔軟精，還會加衣物芳香劑。
床單和枕套一週最少要洗一次。
每當把房間整理得乾乾淨淨，就覺得心情也煥然一新，
待在家裡時也更開心了。

把家裡打掃乾淨，口味好像也會跟著改變，
現在更喜歡清澈爽口的湯頭。
在寒冷的冬天，
有什麼比鮮美的魚糕串湯更吸引人的呢？
加入自己喜歡的食材，放入魚糕串煮滾就可以吃了，
喜歡的話就放一些青陽辣椒，
又辣又鮮美的湯頭真是一絕。

下雨或寒冷的日子，外出真的很辛苦，
將家裡打掃得乾乾淨淨，再來碗鮮美的魚糕串湯吧！
這是能讓身心一起變舒暢的利特療癒行程。

湯頭真是鮮美到極致

魚糕串湯
어묵꼬치탕

魚糕串可根據個人喜好，串上自己喜歡的食材。
白蘿蔔切成小方形薄片，可讓湯頭會更爽口。
QQ 的年糕和美味的魚糕也是絕配，建議調配醬油和芥末醬沾著吃喔！

INGREDIENT

必備食材
綜合魚糕 100g、白蘿蔔 1/10 根（100g）、年糕 1 把

選擇性食材
櫛瓜 1/4 個、青陽辣椒 1/2 根、紅辣椒 1/2 根

湯底材料
水 6 杯、市售昆布高湯包 1 個

調味
湯用醬油 1/2Ts、鮪魚魚露 1Ts、鹽、胡椒粉各少許

沾醬
醬油、芥末醬各少許

HOW TO MAKE

1 綜合魚糕放入滾水汆燙，以竹籤串起。

2 白蘿蔔切成小方形薄片；年糕保留長條狀，以竹籤串起。

3 櫛瓜對半切半月形薄片；青陽辣椒、紅辣椒斜切片。

4 深鍋中加入水、昆布高湯包和白蘿蔔，煮 10 分鐘後撈出湯料包。

5 將櫛瓜、魚糕串與年糕串放入鍋中，煮滾後放入青陽辣椒和紅辣椒，以湯用醬油和鮪魚魚露調味，可根據個人喜好加入鹽和胡椒粉；將醬油和芥末醬混合成沾醬，一起上桌。

COOKING TIP

魚糕可根據個人喜好準備各種形狀。

你們知道「利特」這個名字的涵義嗎？

李秀滿老師幫我取這個名字，寓意為「成為這世界上特別的人」。
當時備選的藝名還有取「成為歌謠界的最強打者」之意的「強首」，
和有著「神創造的孩子」之意的「神兒」。

我在幾經苦惱後，選擇了「利特」這個名字，很不錯吧？
2009 年，一曲〈SORRY SORRY〉得到許多人的愛戴，當時不知道
該如何提升人氣，只是馬不停蹄的宣傳跑活動。在爬上頂端、站上舞臺
時，卻突然有種空虛感。我是不是只顧著像賽馬一樣往前奔跑？我表現
得真的好嗎？在經歷這些苦惱後，內心才終於平靜下來。
剛出道時，什麼事情都想要做好，想成為特別的人，也希望 Super
Junior 的成員能隨著年齡增長而更有深度，成為一直被喜愛的團體。
嗯……如果要用一種料理來表達我的心情，大概就是味道醇厚的大醬鍋
了，因為那是一道看似平凡，但不管什麼時候都好吃的料理。
身為 Super Junior 隊長，《最佳料理祕訣》
的主持人，我能和大家約定，這樣的真心一直不變。

放入牛胸肉的利特牌大醬鍋，濃醇的香氣保證讓你回味無窮。
來一碗充滿利特手藝的特製大醬鍋吧！

家常飯特老師的祕密食譜

大醬鍋
된장찌개

放入牛胸肉的大醬鍋不僅香氣逼人，還能讓湯頭鮮美度 UP，這就是打造醇厚湯頭的祕訣！再加點包肉醬，簡直就能翻轉大醬鍋的歷史了！一定要撈一些美味的牛胸肉和鮮甜蔬菜，和飯一起拌著吃喔。

COOKING TIP

可直接用蔥、小魚乾和昆布熬煮高湯取代市售高湯包。

INGREDIENT

必備食材（2 人份）
牛胸肉 50g、市售昆布高湯包 1 包

選擇性食材
馬鈴薯 ½ 個、櫛瓜 ⅓ 根、洋蔥 ½ 個、豆腐 ½ 塊、蔥 ½ 根、青陽辣椒 1 根、紅辣椒 1 根

調味
香油少許、包飯醬 1Ts、大醬 1Ts、辣椒粉 ½Ts

HOW TO MAKE

1 鍋中放入 2 杯水與昆布高湯包，熬煮高湯。
2 馬鈴薯、櫛瓜、豆腐切塊狀；蔥、青陽辣椒和紅辣椒斜切片。
3 熱鍋後倒入香油，放入牛胸肉爆香。
4 牛胸肉熟後，放入馬鈴薯、櫛瓜、洋蔥與高湯（300ml），再加入包肉醬、大醬與辣椒粉煮滾。
5 蔬菜都熟了後，加入豆腐、蔥、青陽辣椒和紅辣椒，再煮滾一次即可。

就是要辣辣的才夠味！
肉汁大爆炸～
辣炒豬肉

提問！
這世界上最好吃的聲音是什麼？

答案就是烤肉的聲音！

只要聽到烤肉的聲音，肚子就會忍不住開始咕嚕咕嚕叫，
最近很受歡迎的吃播或料理相關節目，
也都很注重吃東西時的聲音傳達。

也許是因為我的工作與「聲音」息息相關，
只要聽到好吃的聲音就特別容易受刺激，
尤其是聽到我喜歡的烤肉聲、
炒辣炒豬肉的聲音——
光聽聲音就覺得美味，魅力無法擋！
將肉放進鍋中時，發出「滋～」的聲音……
啊～光用想的就要流口水了。

ASMR 的強者

辣炒豬肉
제육볶음

用醬料醃肉就能去除雜味，讓肉更好吃，保證 0 失敗！
雖然食材很簡單，口感卻是 100 ！香辣度 100 ！
洋蔥和蔥也能增添爽口口感。可以做蓋飯吃，也可以用蔬菜包著吃！
一定要做這一道光聽料理時發出的聲音，就口水直流的辣炒豬肉。

COOKING TIP

在醃料中加米酒，可去除豬肉
的腥味，也可用燒酒或其他料
酒代替。

INGREDIENT

必備食材
五花肉 2 塊（130g）、洋蔥 ¼ 個、蔥白 ½ 根

選擇性食材
包肉的蔬菜

醃料
辣椒醬 1Ts、辣椒粉 1Ts、醬油 1Ts、糖 1Ts、蒜末 1Ts、米酒 1ts、鮪魚魚露少許

HOW TO MAKE

1 五花肉切成一口大小。

2 洋蔥切大塊；蔥白對半切後切成長條。

3 將辣椒醬、辣椒粉、醬油、糖、蒜末、米酒與鮪魚魚露混合成醃料。

4 將肉放入醃料中充分拌勻，醃 10 分鐘。

5 熱油鍋，放入醃肉以中火炒至肉變熟變硬時，加入處理好的蔬菜一起炒。並根據個人喜好準備包肉的蔬菜。

P·L·U·S R·E·C·I·P·E

加泡菜，配飯糰 **泡菜辣炒豬肉**

INGREDIENT

必備食材
豬肉片 160g、白菜泡菜 ½ 杯（50g）

選擇性食材
蔥絲 ⅓ 根、飯 1 碗、海苔酥 20g、香油 1ts

醃料
辣椒粉 1½Ts、糖 1ts、鮪魚魚露 1Ts、蠔油 1Ts、蒜末 1ts、辣椒醬 1ts、橄欖油 1Ts

HOW TO MAKE

1 將豬肉片切成一口大小。
2 白菜泡菜瀝乾湯汁，切成 1cm 大小。
3 將醃料的材料混合，與豬肉和泡菜一起拌勻。
4 熱油鍋，放入醃好的豬肉和泡菜翻炒。
5 蔥絲泡冷水後，稍微瀝乾。
6 將海苔酥和香油加入熱白飯中，混合捏成一口大小的飯糰，與辣炒豬肉和蔥絲一起裝盤。

人人都能成為料理神童！
泡菜豬肉鍋

以前我只吃過
泡菜鍋和大醬鍋，
第一個帶領我進入
泡菜豬肉鍋世界的人，
是 Super Junior 的神童。

神童，一如他的綽號——「肉食神童」，
是辣炒豬肉的忠實粉絲。
簡單用一句話形容，他就是豬肉專家！
就像大家都信任吃播始祖一樣，只要說到豬肉料理，
我們全體成員都十分相信神童的推薦！
有一天，神童說要帶我們去吃好吃的泡菜豬肉鍋，
而且還是人最多的中午用餐時間。
我們和一群司機大哥擠在餐廳裡，
第一次吃到所謂的泡菜豬肉鍋，
到底有多好吃呢？
那天我們全部人都吃了兩碗飯，你應該就懂了。

因為一直記得那時泡菜豬肉鍋的味道，
我在家裡也試著做了。
沒想到跟泡菜鍋一樣簡單呢！
我做給神童吃，他的表情充滿了衝擊，
稱讚我做的泡菜豬肉鍋真的很好吃。
這也增進了神童在家自己做料理的決心，
原本他幾乎都是叫外送的。
畢竟連利特都會做了，難道神童會做不到嗎？
料理神童也會迷上的泡菜豬肉鍋！
沒錯！只要利特會，大家一定都能學會！
今天的晚餐就決定是它了！

好吃到一口氣解決 2 碗白飯

泡菜豬肉鍋
돼지짜글이

鍋類料理的重點就在調味醬！
加入鮪魚魚露和大醬，都能幫助提味，
讓調味醬先經過一段熟成的時間，也能增加味道的層次感喔！

INGREDIENT

必備食材
豬肉 100g、馬鈴薯 ½ 個、洋蔥 ¼ 個、青陽辣椒 1 根、蔥 ⅓ 根

調味醬
辣椒粉 1Ts、辣椒醬 ½Ts、醬油 ½Ts、大醬 1ts、糖 ½Ts、蒜末 1Ts、胡椒粉少許、鮪魚魚露 1ts

COOKING TIP
豬肉可依個人喜好挑選部位，但最推薦富含油脂的豬頸肉或五花肉。

HOW TO MAKE

1　豬肉切成一口大小，以餐巾紙輕輕拭去血水；調味醬材料均勻混合備用。

2　馬鈴薯、洋蔥切小塊；青陽辣椒與蔥斜切片。

3　熱油鍋，放入蔥和洋蔥爆香後，放入豬肉翻炒。

4　豬肉表面熟後，加入調味醬和 1 杯水，煮到湯汁約收 8 成左右，放入青陽辣椒再次煮滾即可。

人生就是一連串選擇的結果，
所以，一個人做決定反而簡單。

面對人際關係時的抉擇好像總是很難，當心中已有
定見時，到底要照實說，還是選擇善意的謊言呢？
例如，朋友換了個新髮型，當你想著「真是超不適
合」時，朋友問你：「如何，適合我嗎？」再舉個
更令人煩惱的例子：朋友為你做了一道料理，卻完
全不合你胃口，當你想著「這味道怎麼會有人喜
歡……」時，對方問你：「怎麼樣，好吃嗎？」這時，

標準答案是什麼？如果是別人招待我，我都會毫不
猶豫的說：「嗯，好吃！」如果真的好吃當然好，
但要是味道實在不合心意，也得顧及做料理的人的
心情，畢竟心意才是最重要的啊，味道只能算是附
加價值了呢。
要招待別人時，我會選擇絕對不會失敗的料理。
而且我超會看眼色的，都能看懂大家的表情喔！^^

味道很難出錯的
老泡菜部隊鍋

超越好吃的好吃！

老泡菜部隊鍋

묵은지 부대찌개

放入老泡菜，湯頭酸酸辣辣的，豐富的料就像吃自助餐一樣樂趣十足。先將調味醬調製好、使其熟成，就能加深層次感；在濃郁的大骨高湯中有著午餐肉、熱狗、老泡菜、蔬菜和麵條，最後再放一片起司讓口感更滑順！什麼配菜都不需要的萬能火鍋完成！

INGREDIENT

必備食材（1～2 人份）
老泡菜 1 杯、午餐肉罐頭 50g、熱狗 2 根、市售大骨高湯 500ml

選擇性食材
洋蔥 ¼ 個、蔥 ½ 根、起司 1 片、焗豆罐頭 2Ts、Q 拉麵純麵條 1 包

調味醬
辣椒醬 ½Ts、辣椒粉 1Ts、蒜末 1Ts、味醂 1Ts

HOW TO MAKE

1　混合調味醬材料，放置 30 分鐘熟成。
2　老泡菜切成一口大小；午餐肉、熱狗切成容易入口大小。
3　洋蔥切大塊；蔥斜切片。
4　鍋中放入午餐肉、熱狗、洋蔥、焗豆與起司。
5　倒入大骨高湯，放入調味醬一起煮。
6　湯滾後，放入 Q 拉麵純麵條再煮滾一次即可。

最具韓國人靈魂的韓國美食
韓式燒肉

隨著時代改變，
文化和流行也會不斷更迭，
韓國人的節慶風情也在變化著。

現在過節時，媽媽和姐姐會來我家。
雖然過節的方式變了，但想一起共享美味料理的心卻不變。
上次過節時，我親自做了韓式燒肉。
媽媽和姐姐吃了之後還稱讚我是「特主廚」呢！

這道菜，我一開始並不是做得很好，
曾為了去除牛肉的血水，將肉放在冷水下沖洗，
最後雖然用市售燒肉醬挽回一點味道，
但是肉的口感就真的沒救了。

和大家分享我研究出零失誤、牛肉又好吃的祕訣：
1. 調味醬的比例必須是醬油：大蒜：糖＝2：1：1。
2. 炒出燒肉獨特的焦香味。
只要熟記這兩點，就能做出風味獨特的燒肉。
加上湯汁和冬粉做成牛肉鍋也很好吃喔！
媽媽說，以後的節慶料理都要交給我包辦了，
看來我得適時收斂一下我的料理實力了啊～

韓國濃郁肉香排行榜 NO.1

韓式燒肉

불고기

有著香甜風味的韓式燒肉,是韓國人最熱愛的韓國傳統料理,現在也很受外國人喜愛。與一般烤肉不同,也可使用帶骨肉烹調,而且甜甜的醬料沒有人會不喜歡!

INGREDIENT

必備食材
牛肉片 160g、食用油少許

選擇性食材
洋蔥 ¼ 個、香菇 1 朵、芝麻少許

醃肉醬
醬油 2½Ts、蒜末 1Ts、糖 1Ts、香油 1Ts、米酒 1Ts、胡椒粉少許

HOW TO MAKE

1 牛肉片切成一口大小，以廚房紙巾輕壓拭去血水。

2 混合醃肉醬材料，需攪拌到糖融化為止。

3 將調味醬放入肉中拌勻，放置 10 分鐘醃入味。

4 洋蔥切絲；香菇切除香菇柄後切片。

5 熱油鍋，放肉快炒至八成熟後，放入洋蔥和香菇繼續翻炒，撒上芝麻即可。

用簡單食材做出風味獨具的料理，
這就是我的「特」餐！

這一章將介紹會讓人對你刮目相看的料理，
做給親朋好友吃，包准個個豎起大拇指！
用我的「特」餐，與重要的人共享特別的一餐，
留下難忘的回憶吧！

PART 4

風味獨具、吮指回味的「**特**」餐

擔任料理節目主持人後，
我的煩惱變更多了。

我的料理座右銘是「就算是只做給自己吃，也要好吃又好看」！
既然身為《最佳料理祕訣》主持人，就不能只有虛名，
應該做出個像樣的料理才行。
在錄影時學到這道馬鈴薯煎餅沙拉，回家後不停的練習，
終於做出了完美的味道。
這個食譜非常值得收藏，只有我一個人會真的太可惜了！
在家請客時，不妨用馬鈴薯煎餅沙拉當開胃菜，
好吃又能下酒喔！

馬鈴薯煎餅沙拉很像小披薩，造型吸睛，酥酥脆脆又有口感。
也不用擔心料理變冷不好吃，直到最後都一樣美味。
最重要的是，招待朋友的料理一定要好做又快速，
才能和朋友一起度過美好時光。
如果想讓擺盤更精美，可將馬鈴薯煎餅切成扇狀，
放上蔬菜和番茄裝飾。

「這家的主人，手藝不錯呢！」
能得到客人一致讚賞的特餐完成囉！

好像有點厲害！好吃到嚇一跳的
馬鈴薯煎餅沙拉

酥酥脆脆、香甜美味

馬鈴薯
煎餅沙拉

감자전샐러드

調麵糊時不用額外分離馬鈴薯的澱粉，直接攪碎就可以了，可加入一些炸粉讓煎餅不易變形，酥脆度也 UP ！

加點蔬菜在麵糊裡消除油膩感，再放上以義大利巴薩米克醋拌過的蔬菜，外觀新鮮，第一口香酥脆、尾韻微辣的一品完成囉！

INGREDIENT

必備食材
馬鈴薯 2 個、洋蔥 1 個、青陽辣椒 1 根、食用油少許

選擇性食材
小番茄 6 顆、沙拉蔬菜 1 把（30g）、檸檬 ½ 個

巴薩米克醋醬料
巴薩米克醋 1Ts、蜂蜜 1ts、橄欖油 1ts、鹽少許

調味
炸粉 3Ts、鹽 ⅓ts

HOW TO MAKE

1 將切大塊的馬鈴薯、洋蔥 ½ 個與青陽辣椒放入調理機攪碎，與鹽和炸粉混合，調成麵糊。

2 洋蔥 ½ 個切細絲，在冰水中泡 5 分鐘，撈出瀝乾；小番茄切成容易入口大小；青陽辣椒斜切片。

3 將巴薩米克醋、蜂蜜、橄欖油與鹽混合成巴薩米克醋醬料。

4 熱油鍋，將麵糊倒入鍋中，煎成金黃薄片。

5 切好的蔬菜、洋蔥、番茄與巴薩米克醋醬料混合均勻，放在馬鈴薯煎餅上裝盤，檸檬切成容易入口大小，一起擺盤。

COOKING TIP

馬鈴薯加入洋蔥拌和成麵糊，味道會更爽口，還能防止變色，也可以慢慢添加炸粉調整濃稠度。

可根據個人喜好添加帕馬森乾酪起司粉或瑞可達起司，增添異國風味。

料理新手也能輕鬆搞定
超簡單涮涮鍋

料理新手也能放心挑戰的料理，
就是涮涮鍋。

涮涮鍋就是將豐盛的蔬菜和肉一起放到鍋中煮，
不僅好看，也不需要其他配菜。
我還是料理新手時，很常煮涮涮鍋，
將牛肉、大白菜和紫蘇葉一層一層疊起來，加入高湯就完成了！
也可以根據個人喜好添加芹菜、香菇等蔬菜，
都能讓涮涮鍋的美味加倍。

看著涮涮鍋咕嚕咕嚕煮滾的樣子，
就會忍不住想：我竟然能做出這麼美味的料理！
料理自信心真的會急遽上升啊！
涮涮鍋很適合放在餐桌中央，和家人一起享用，
是任何人都能輕鬆挑戰成功的料理，
今晚，煮個豐盛的涮涮鍋當晚餐吧！

任何人都能成功的
湯鍋料理

超簡單涮涮鍋
초간단 샤브샤브

湯頭不用特別調味，只要加入大白菜，湯頭爽口度就增加一倍！
牛肉煮久也不怕變老，一樣鮮嫩得會立刻在口中融化。
要是有米紙，就能輕鬆變身越南火鍋！
這道美味料理能一次享用到鮮美牛肉、新鮮蔬菜、濃郁湯頭，快試著做做看！

INGREDIENT

必備食材
牛肉片 300g、大白菜 1 顆、紫蘇葉 1 把、市售昆布高湯包 1 個

選擇性食材
蔥 ½ 根、芹菜少許、香菇 1 朵、杏鮑菇 ½ 根

醬料
花生醬、辣醬各少許

HOW TO MAKE

1 以廚房紙巾輕輕按壓牛肉，去除血水；以大白菜 1 片、紫蘇葉 2 片、牛肉 1 片的方式，依序堆疊，並切成和鍋子一樣高度。

2 蔥、芹菜切成容易入口大小；香菇、杏鮑菇切片。

3 鍋中放入 6 杯水煮滾，放入市售高湯包，煮成 5 杯水量的湯底。

4 將材料以圍繞圓圈的方式放入鍋中，倒入湯底煮滾。

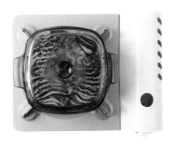

5 煮滾後撈出肉和蔬菜，搭配花生醬和辣醬食用。

餃子殺手利特
自信滿滿的一道
焗烤奶油餃

主持《最佳料理祕訣》後，
我得到「婆媽界統領」
的綽號。

在「婆婆媽媽最喜歡的偶像」投票中，
我得到了第一名。
主持《最佳料理祕訣》後，
連粉絲族群都擴大了呢。
節目首播後，我第一次去逛超市，
很明顯感受到人氣增加，
在試吃攤位遇見很多雀躍的跟我打招呼的阿姨，
我懷抱感謝的心，一一購買她們販售的產品，
結果那天花了 20 萬韓幣。
現在去超市不只會跟阿姨們打招呼，
還有一種我必買的食材——冷凍餃子。
因此冷凍櫃試吃攤位的阿姨看到我
一定會叫住我，
親切的問：「做料理的小夥子，
有買到想買的嗎？」
然後餵我一口熱呼呼、剛起鍋的餃子。
我愛上了煎餃的酥脆，
也感念阿姨的熱情，因此買了餃子。
我家冰箱冷凍庫中有滿滿的餃子，
那是喜愛《最佳料理祕訣》的阿姨觀眾的心意。
這是為了回報心意所準備的「特餐」，
嚐一口香滑可口的焗烤奶油餃吧！

冷凍餃子變身地中海風

焗烤奶油餃
만두그라탱

用冷凍餃子就能完成的義大利風焗烤奶油餃！
使用墨西哥辣椒降低奶油醬的油膩感，加上莫扎瑞拉起司與切達起司，
香滑柔順，一口咬下，心也跟著融化啦！

INGREDIENT

必備食材
泡菜餃子 10 個、奶油醬 1 杯、
牛奶 ½ 杯、莫扎瑞拉起司 1
杯（100g）、切達起司 1 片

選擇性食材
青椒 ⅓ 個、紅椒 ½ 個、蘑菇 4
朵、洋蔥 ⅓ 個、洋香菜末少許

調味醬
葡萄籽油 ½Ts、墨西哥辣椒末
2Ts、胡椒粉少許

HOW TO MAKE

1 青椒切除蒂頭與籽後，切丁；
蘑菇切片；洋蔥切絲。

2 熱油鍋，放入泡菜餃子煎至金
黃後起鍋，以廚房紙巾吸去油
脂後備用。

3 熱鍋，倒入葡萄籽油，放入洋
蔥炒至半熟，加入紅椒、青
椒、蘑菇翻炒。

4 放入奶油醬、牛奶、墨西哥辣
椒末及胡椒粉，煮滾一次，做
成淋醬。

5 將煎好的泡菜餃子放入盤中，淋上淋
醬，撒上莫扎瑞拉起司、切達起司，放
入微波爐微波 5 分鐘使起司融化，撒上
洋香菜末即可。

COOKING TIP
若要使用烤箱，先預熱
至 200 度後，放入烤 13
分鐘即可。

朴正洙會員～
您的東西送達囉！
炒血腸

平常你都怎麼購買食材呢？

我有時會直接去超市，太忙的話也會用線上 APP 購買，還會比較兩個不同的 APP 的折扣哪個多、就買哪個。

成員神童看我這樣，總會念我：「幹嘛那麼麻煩，還比來比去的，直接買不就好了～」

NO NO NO ～就是要比價才能買得聰明啊！而且我也會認真寫購買評價、累積點數，像是「調味包的肉很大塊，很喜歡」或「五花肉的顏色看起來很新鮮」，這種具體的評價，還會上傳照片，就能得到 2 倍的點數呢。

各位單身的朋友，省錢固然重要，也要培養用點數賺錢的習慣喔，我已經累積到 2800 點了喔！而且寫下購買評價，對其他購買者也有幫助，我認為這是個能培養消費文化的好習慣。

用手指點一點下單、隔天就會送到家的購物網上，我最常買的食物之一就是血腸。肚子有點餓時，只要用血腸加高麗菜、洋蔥與紫蘇葉等蔬菜，放點豆瓣醬，就能炒出香噴噴的美味炒血腸。

用當日配送的血腸做炒血腸，還有什麼比這更幸福的呢？

這就是新林洞的那個味道！

炒血腸
순대볶음

炒血腸切厚一點，小心不要燒焦～
大火快炒保留蔬菜的清脆口感，血腸彈牙又美味的絕妙滋味就在口中迅速化開了。

COOKING TIP

若血腸皮有點脫落或按壓時軟軟的，就是還不夠熟。

調味醬可以先混合均勻備用，快炒時方便迅速。

INGREDIENT

必備食材
血腸 150g

選擇性食材
高麗菜葉 4 片、洋蔥 ¼ 個、蔥
½ 根、大蒜 5 瓣、紫蘇葉 5 片

調味
可樂 3Ts、紫蘇籽油 2Ts、芝麻
1Ts

調味醬
豆瓣醬 1Ts、辣椒粉 1Ts、蠔
油 1Ts、糖 1Ts

HOW TO MAKE

1 血腸切成厚厚的一口大小。

2 高麗菜、洋蔥切大塊；蔥斜切
片；大蒜切片。

3 熱油鍋，放大蒜爆香至金黃色
時，加入切好的洋蔥和蔥翻
炒。

4 洋蔥變軟後，放入高麗菜、血
腸和調味醬快炒，放入對半切
的紫蘇葉和可樂略炒後熄火，
撒上芝麻和紫蘇籽油。

身心都覺得空虛時，就是要吃肉啊！
牛肉拌豆芽 & 牛肉豆芽炒飯

Super Junior 的成員們
為我取了很多綽號。

嘴特、主持機器人、主持機器……
我的很多綽號都和主持本能有關。
我是隊長又是年紀最大的大哥，常把團體相關事務都攬在身上，
而且我是行動派，個性上不太擅長拒絕別人，
常把行程排得滿滿的，搞得連一天的休息時間都沒有。
為了健康也吃很多維他命或乳酸菌等營養食品，
不過太累的時候，最先想到的還是肉。

精疲力盡時，沒有比肉更好的營養補充劑了！
以前只知道愛吃肉，現在基於健康考量，
吃肉時也會搭配有益健康的蔬菜和香菇等。
能同時滿足這兩樣需求的料理，就是牛肉拌豆芽！
將肉和滿滿的豆芽與蔬菜一起拌勻，吃起來像沙拉一樣爽口。
想吃更飽一點時，就做成牛肉豆芽炒飯。
將白菜泡菜切末，加上蠔油、香油與海苔～
真是好吃到捨不得放下湯匙的美味啊！

今日晚餐小確幸

牛肉拌豆芽

차돌박이숙주무침

完整保留牛胸肉的香氣，加上清脆的豆芽菜，
想要清脆口感，祕訣在汆燙後要馬上泡入冰水喔。
淋上玉筋魚露、青陽辣椒與檸檬汁等材料調配的酸辣醬汁，
只當小菜吃太可惜了，也試試做成炒飯吧！

INGREDIENT

必備食材（2 人份）
牛胸肉 200g、豆芽菜 3 把（200g）

選擇性食材
芹菜 5 株、洋蔥 ¼ 個

淋醬
玉筋魚露 2Ts、糖 2Ts、紅辣椒末 2ts、青陽辣椒末
2ts、蒜末 1Ts、檸檬汁 2Ts、小番茄丁 4Ts、花生
碎 1Ts

HOW TO MAKE

1 以廚房紙巾按壓牛肉去除血水
後，對半切。

2 豆芽摘除尾端；芹菜切成容易
入口大小；洋蔥切細絲，冷水
浸泡 5 分鐘。

3 均勻混合淋醬的材料，放置冰
箱冷藏。

4 以滾水汆燙豆芽菜，撈出放入
冰水冷卻後，瀝乾。

5 牛胸肉以滾水汆燙，撈出後放在
濾網上冷卻後，與豆芽菜、芹菜
與洋蔥一起裝盤，淋上醬汁。

COOKING TIP
牛胸肉不能放在水中冷卻，
否則牛肉的美味會流失。

P·L·U·S R·E·C·I·P·E **牛肉豆芽炒飯** 차돌박이숙주볶음밥

INGREDIENT

必備食材（2 人份）
牛胸肉 100g、豆芽菜 100g、
蘿蔔塊泡菜丁 2Ts、飯 ½ 碗

調味
蠔油 1Ts、細蔥花 1Ts、碎海
苔 1Ts、香油 1Ts、芝麻少許

HOW TO MAKE

1 牛胸肉和豆芽菜放入滾水中汆燙後，切細。
2 熱油鍋，放入牛胸肉、豆芽菜、白蘿蔔塊泡菜與白飯翻炒，加入蠔油調味。
3 最後加入細蔥花、碎海苔、香油和芝麻翻炒一下即可。

COOKING TIP

也可將飯改成麵條，
做成炒麵喔。

雞肉絕對不會背叛我們

照燒雞翅腿
닭봉조림

好事發生時、覺得心累時、有點餓的晚上……
不管什麼時候，都少不了雞肉料理！
來杯冰涼啤酒，配鹹香的雞肉，渾身的疲勞都能消失無蹤！

最愛雞肉料理的民族，大概就是韓國了吧！

我也很愛雞肉料理，但每天吃炸雞有點太油膩了，於是就買了雞肉，打算做照燒料理或燒烤。

雞翅腿該怎麼料理呢？幾經苦惱後，我想到曾經學過撒上炸雞粉再烤的方法，就此展開我的雞翅腿料理挑戰！

一開始，我忘記炸雞粉已經調味過了，在雞肉上滿滿撒了一大堆，結果當然是大失敗……

嘗試燒烤失敗後，我繼續挑戰照燒。利用冰箱中的烤肉醬，結果沒想到～真是太好吃了！經過那麼多次的試驗，我終於完成重要的一道料理——照燒雞翅腿。

韓文有句俗諺說「書堂狗三月，也能吟風月」，不太會煮飯的利特，不知不覺變成了料理男子呢。

INGREDIENT

必備食材
雞翅腿 10 隻（500g）、牛奶 2 杯

選擇性食材
蔥白 1 根、薑 ½ 個、蔥花少許

調味醬
市售烤肉醬 ⅓ 杯、芝麻少許

HOW TO MAKE

1 雞翅腿用牛奶泡 30 分鐘去腥。

2 醃好的雞翅腿用水洗淨瀝乾，加入烤肉醬拌勻。

3 蔥白對半切；薑切薄片。

4 熱油鍋，放入雞翅腿，倒入水蓋過雞肉，放蔥、薑，以大火煮到湯汁變濃稠為止。撈出薑和蔥，將雞翅腿裝盤，撒上蔥花和芝麻。

喝一碗溫柔又甜蜜的真心
南瓜濃湯＆香蒜麵包

天氣變冷或無精打采時，
就會想要來一碗暖呼呼的湯。

我平常不會特別想要吃湯湯水水，
但自從做了急性膽囊炎手術後，
開始了以湯湯水水為主食的生活，也了解到湯的美味。
尤其是南瓜粥和甜南瓜粥，更是我的最愛。
喝一碗甜甜的湯，身體也會暖和起來，感覺渾身是勁。

自己動手做湯品後，我發現要熬出濃郁湯頭一點都不難，
要是覺得光喝南瓜濃湯太單調，
可以搭配香噴噴的大蒜麵包刺激味蕾，
將剩的濃湯抹在香蒜麵包上也很好吃。
如果有一天，我有了心愛的人，
我也想為她做一碗蘊含我的真心，香濃的南瓜濃湯。

現在，我做南瓜濃湯的實力與日俱增，
卻還沒找到那個想為她而煮的人呢！
想吃我親手做的特製南瓜濃湯的人～
會在哪裡呢？

甜甜一碗，溫暖你的心
南瓜濃湯
단호박수프

南瓜濃湯很適合當早餐，甜甜南瓜與香濃牛奶的結合～讓身體都溫暖了起來。做濃湯時，南瓜可以連皮一起用食物調理機攪拌，不喜歡吃皮也可以拿掉，去皮南瓜煮的湯，顏色會更金黃好看。南瓜濃湯最適合搭配香蒜麵包，用香蒜麵包沾濃湯吃，不但樂趣十足，也很有飽足感喔！

INGREDIENT

必備食材
南瓜 ½ 個（500g）、牛奶 1
杯、奶油 1Ts、鹽少許

選擇性食材
蜂蜜 1Ts、香蒜麵包 2 片

COOKING TIP

牛奶可用鮮奶油取代。

蜂蜜可用糖稀 *、果糖
取代，並根據個人喜
好調整甜度。
* 糖稀為麥芽中的糖化酶
作用於碎米中的澱粉所製
成的一種糖，濃度比麥芽
糖漿高，臺灣可在韓貨超
市等處買到。

HOW TO MAKE

1　南瓜切大塊，放入微波爐加熱 7
　分鐘，變軟後去籽、削皮、切
　薄片。

2　將切好的南瓜和牛奶放入食物
　調理機攪碎。

3　鍋中放入奶油，倒入南瓜糊。

4　煮至湯滾後，加入蜂蜜和鹽調
　味。

P·L·U·S R·E·C·I·P·E

香蒜麵包

INGREDIENT

必備食材
蒜末 1ts、法國麵包 2 片

抹醬
奶油 2Ts、蜂蜜 ½Ts、洋香菜
粉少許

COOKING TIP

奶油可放在室溫下軟化，或用
微波爐稍微加熱。

若用烤箱烤大蒜麵包，則預熱
200 度，加熱 2 分鐘。

HOW TO MAKE

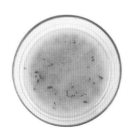

1　將奶油、蒜末與洋香菜粉混合
　成香蒜抹醬。

2　在法國麵包兩面都抹上香蒜抹
　醬，熱鍋，鍋中放入奶油，將
　麵包兩面煎至金黃。

雖然我的體質不太能喝酒，
但我很喜歡吃下酒菜。

尤其是辣拌海螺！小時候我很偏食，不吃螺肉類的食物，直到遇見辣拌海螺，它的 Q 彈口感開啟了我的新世界！據說就算是不愛吃海鮮的人，也會喜歡辣拌海螺！酸甜醬料與爽口蔬菜、麵線拌在一起，滋味真是一絕！

不過，辣拌海螺的主角當然是海螺囉！一口吃下海螺和魷魚絲～那彈牙的口感，真的超夢幻……你問我是不是真的在作夢？

吃過我親手做的辣拌海螺的神童是這麼說的：「這……這味道超猛的！」越吃越忍不住一股想要搖頭擺腦的衝動，這頂級美味，就是利特大廚的神作啊！

越吃越好吃的辣拌海螺，現在就告訴你利特大廚的料理祕訣。

忍不住想來碗白飯、
大口喝酒的宵夜首選

辣拌螺肉
골뱅이무침

螺肉罐頭的湯汁妙用不少～魷魚絲用湯汁浸泡後，不但風味更佳，也會變得柔軟；調味醬裡加點螺肉湯汁，味道更升級。

螺肉用調味醬和小黃瓜、紅蘿蔔與魷魚絲拌在一起，與麵線一起上桌，請大家一定要拌這酸酸甜甜的醬，嘗嘗這彈牙的美味喔～

INGREDIENT

必備食材
螺肉罐頭 ½ 罐（150g）、辣魷魚絲 50g

選擇性食材
小黃瓜 ½ 根、紅蘿蔔 ¼ 根、青辣椒 1 根、
麵線 40g

調味
香油 1Ts、芝麻少許

調味醬
市售辣醋醬 3Ts、辣椒粉 1Ts、螺肉罐頭湯汁 2Ts、
醋 1Ts、芝麻鹽少許

HOW TO MAKE

COOKING TIP
魷魚絲可用明太魚乾代替。

1 螺肉以濾網過濾，將肉和湯汁
分開，切成一口大小。

2 用剪刀將辣魷魚絲剪成容易入
口大小，放在螺肉湯汁中浸泡
10 分鐘。

3 小黃瓜與紅蘿蔔斜切片；青辣
椒細切薄片。

4 調味醬材料均勻混合，與螺
肉、辣魷魚絲、小黃瓜、紅蘿
蔔均勻拌好，裝盤並撒上芝
麻。

5 煮麵線並瀝乾，拌入香油。

吃播偶像 SUPER JUNIOR
神童的最愛！
醬燒豬肉 & 涼拌韭菜蔥

「親愛的，什麼都別煩惱了，
我們一起來做醬燒豬肉～」

我們 SJ 的厲旭非常會做料理，尤其是麵包，
神童則是偶像圈的吃播偶像，
所以《最佳料理祕訣》某次就邀請神童擔任嘉賓。
我特地為對肉類料理非常挑剔的神童，做了醬燒豬肉，
吃了我做的醬燒豬肉，神童問我：「要不要一起合夥開店？」
還說他也想當《最佳料理祕訣》的主持人，
這樣就能常常吃到美味的料理。
我立刻跟他說：「歡迎你來當《最佳料理祕訣》的觀眾！」

我想，我的料理實力能有如此長足的進步，
都要歸功於在《最佳料理祕訣》的學習。
雖說直接買現成的也很好吃，但在家裡自己做，
可以根據個人口味和喜好調整。
不過壞處是，毫無節制地放太多喜歡的食材，
自己做料理的食材費甚至比在外面吃還貴了……

在外面吃肉類料理，常會搭配蔥做的小菜。
所以我也要教大家做得比外面賣的更好吃的祕訣！
不妨試著做些涼拌韭菜蔥搭配，
一口香醇的醬燒豬肉～一口清脆的涼拌韭菜蔥～
是會讓疲勞和煩憂一掃而空，不自覺開始哼歌的一餐喔！

在家品嚐司機食堂的
人氣餐點

醬燒豬肉
간장불백

用甜甜的烤肉醬醃豬肉，最後在香噴噴的醬燒豬肉上撒點芝麻，好看又好吃，任何人都會筷子停不了的「特餐」上菜囉！
記得配上香氣宜人的涼拌韭菜蔥與包肉蔬菜，包著吃真是人間美味！

INGREDIENT

必備食材
豬肉片 300g、洋蔥 ¼ 個、蔥
½ 根、食用油 2Ts

調味醬
薑粉 1ts、蒜末 1Ts、糖 ½Ts、
米酒 1Ts、醬油 2Ts、果糖
1Ts、香油 ½Ts、胡椒粉少許、
芝麻少許

HOW TO MAKE

1 以廚房紙巾將豬肉片的血水吸乾，切成容易入口大小。
2 將除了芝麻外的調味醬材料混合，醃豬肉。
3 洋蔥切細絲；蔥對半切後，用手撕成長條。
4 熱油鍋，放入醃好的肉片翻炒，等肉熟且湯汁減少時，放入洋蔥和蔥炒一下。
5 裝盤，撒上芝麻。

P·L·U·S R·E·C·I·P·E 涼拌韭菜蔥 대파부추무침

INGREDIENT

必備食材
韭菜 30g、蔥 ⅔ 根、芝麻少許

調味醬
辣椒粉 2Ts、醬油 1Ts、糖 1Ts、
醋 1Ts、蒜末 ½Ts、香油 1Ts

HOW TO MAKE

1 韭菜切成容易入口大小；蔥切蔥絲，泡冷水去除辛辣味。
2 混合調味醬材料。
3 將韭菜和瀝乾的蔥絲放入調味醬中拌勻。
4 裝盤，撒上芝麻。

COOKING TIP
可用蔥絲刀切蔥絲。

材料滿滿，誠意也滿滿！
韓國人最愛小菜
超簡單韓式雜菜

「有志者，事竟成」，
是我時刻銘記在心的一句話

在舞臺上時，當主持人時，站在廚房裡時，我都不會忘記必須努力。
剛開始主持《最佳料理祕訣》，站在料理大師身旁，
必須適時協助，但我連該幫忙拿什麼道具都不懂。
深切反省自己不能這樣，錄影結束後就回家認真練習，
曾連續兩天流著眼淚練習切蔥絲。
在韓國知名料理大師身旁耳濡目染，並且不斷練習後，
現在我可以在大師身旁適時幫忙，
也對刀工產生自信，現在也能嘗試做自己喜歡的韓式雜菜了。
韓式雜菜的韓文「잡채」，
語源來自「將所有材料切成細絲」的意思。
雖說要做出好吃的雜菜，一定要努力練習刀工，
但只要備足材料，做法其實相當簡單。
就是將所有材料切成細絲，炒得香噴噴的拌在一起～那滋味啊！
請大家跟我一起，沉浸在韓式雜菜的魅力裡吧！

只在節慶時吃就太可惜了～

超簡單韓式雜菜
초간단잡채

肉先用調味醬醃過，冬粉泡軟，蔬菜切絲，炒在一起就是香噴噴的韓式雜菜！肉炒熟時流出的肉汁，結合了調味醬和湯汁，成為蔬菜和冬粉的絕佳調味。
來口韓式雜菜，每天都像在過節一樣幸福～

INGREDIENT

必備食材
韓式冬粉 100g、牛肉絲 120g、洋蔥 ⅓ 個

選擇性食材
青椒 ½ 個、黃椒與紅椒各 ¼ 個、香菇 2 朵

調味
鹽、胡椒粉、食用油各少許

醃醬
醬油 1Ts、蠔油 1Ts、湯用醬油 1ts、糖 1Ts、
香油 1Ts、蒜末 1ts

HOW TO MAKE

1 將韓式冬粉放在微溫水中浸泡 10 分鐘。
2 牛肉絲以廚房紙巾拭乾血水。
3 洋蔥、青椒、彩椒、香菇都切細絲。
4 混合醃醬的所有材料醃牛肉；醃醬留下 1Ts 備用。
5 熱油鍋，將牛肉絲炒至半熟，加入浸泡過的冬粉和蔬菜翻炒。
6 以鹽、胡椒粉及 1Ts 醃醬調味，就完成了！

下雨時會想到的異國風味！
什錦燒

下雨就會想到的食物，
當然是用油煎得
香噴噴的煎餅啊！

如果說韓國有煎餅，日本就是什錦燒了！
有一家什錦燒店，
是我去日本東京表演時一定會光顧的，
也曾帶 Super Junior 成員一起去。
第一次吃什錦燒，
就被它既熟悉又充滿異國風的味道給迷住。
滿滿的高麗菜和海鮮的麵糊，
被煎得又酥又香脆～
淋滿美乃滋和照燒醬，滿滿的柴魚片舞動著！

因為實在太喜歡什錦燒，
我在 IG 第一個上傳的料理就是什錦燒，
所以《最佳料理祕訣》節目介紹什錦燒時，
真的好高興！

再告訴大家一個可愛的裝盤祕訣：
用照燒醬在完成的什錦燒上面
畫眼睛、鼻子和嘴巴，
將柴魚片撒在周圍～
可愛的獅子造型什錦燒就完成了！
和不太熟的人一起吃什錦燒時，
做一個獅子造型什錦燒，
在不知道該說什麼的尷尬場合中，
也能因為食物而不知不覺變親近喔！

最合口味的日本「煎餅」

什錦燒
오코노미야끼

清脆的高麗菜與豐盛的海鮮跳入麵糊中，培根和乾蝦仁也一起加入，組合成獨特的難忘香味！煎餅粉裡加些麵包粉，麵糊口感更酥脆！

什錦燒裝盤，撒上柴魚片，再依個人喜好將美乃滋和豬排醬滿滿地～擠在上面，東京風美食完成！

INGREDIENT

必備食材
煎餅粉 150g、麵包粉 3Ts、柴魚高湯 1 杯、高麗菜 150g、綜合海鮮 70g、培根 30g、雞蛋 1 個、食用油少許

選擇性食材
豆芽菜 1 把（30g）、蔥 ½ 根、乾蝦仁 1Ts、洋蔥 ½ 個

調味
美乃滋、豬排醬、柴魚片各適量

HOW TO MAKE

1 將煎餅粉、麵包粉與柴魚高湯混合成麵糊。

2 高麗菜切絲、海鮮切丁、培根切碎、乾蝦仁切細、蔥切蔥花、洋蔥切細、與豆芽菜、雞蛋放入麵糊混合；熱油鍋，以大火煎，翻面後改小火煎到熟透。

3 裝盤，以美乃滋和豬排醬在上面畫 Z 字形，最後撒上柴魚片。

好吃好吃！好好吃！
泰式炒河粉

泰國對 Super Junior 而言是別具意義的國家。

Super Junior 第一個海外公演的國家就是泰國。

2012 年我當兵前，曾去曼谷演出，

當時，泰國粉絲在表演場地傳給我一張紙條，

上面寫著：「利特，我們會等你當兵回來」。

因為粉絲的加油，我才能獲得力量，

好好盡完該盡的國防義務，平安回來。

我只要去海外演出，都會盡可能的嘗試當地美食。

雖然在舞臺上只能遠遠的眺望大家，但藉由品嘗當地料理，

似乎也能更了解該國文化，好像跟粉絲更親近了一些。

就像語言不通也能以音樂溝通一樣，

我相信料理也能讓不同文化的人彼此了解。

大家去到其他國家，一定要品嘗當地料理。

雖然一開始會有點不習慣，但以後回味一定很值得。

這就是泰國人吃的米粉

泰式炒河粉
팟타이

泰式炒河粉相當具有泰國風情，是聚集酸、甜、鹹於一身的特殊風味。
醬料很簡單，只要有辣醬、蠔油和花生醬就 OK ～沒時間的話也可以買
現成醬料，義大利辣椒（Peperoncino）也可用青陽辣椒取代。
跟著食譜一起做，任何人都能成為泰式料理高手！

INGREDIENT

必備食材
洋蔥 ½ 個、蝦子 10 隻、雞蛋 2 個、河粉 100g

選擇性食材
乾蝦仁 30g、豆芽菜 30g、韭菜 30g

調味
蒜末少許、義大利辣椒 3 根、食用油 5Ts

醬料
水 ½ 杯、魚露 1Ts、辣醬 1Ts、蠔油 1Ts、醬油 1Ts、
糖 1Ts、花生醬 1Ts、醋 2Ts

裝飾材料
香菜、花生粉各少許

HOW TO MAKE

1 將醬料材料混合，攪拌到花生醬和糖溶化；河粉在水中浸泡 30 分鐘。

2 熱油鍋，放入蒜末和切碎的義大利辣椒爆香。

3 在鍋子的一邊放入洋蔥末和蝦子炒熟；另一邊打雞蛋，做成炒蛋。

4 等食材半熟後，放入弄碎的乾蝦仁與泡軟的河粉翻炒。

5 食材差不多都熟後，加入醬料、豆芽菜、韭菜翻炒。盛盤撒上香菜和花生粉。

只要有一個超好吃的小菜，
就算是 12 道滿漢全席擺在眼前也不羨慕。
做好小菜存放在冰箱，是內心最感到滿足的時刻。
其實，我做的小菜根本沒機會放到冰箱，因為很快就吃光了。
這一章，就與大家分享我喜歡的小菜吧！

要不要跟我一起動手做呢？

PART 5

隨時都能吃——利特最愛常備小菜

馬鈴薯掉進了雜菜裡
馬鈴薯雜菜

喜歡韓式雜菜嗎？
節慶或聚會時，
絕對少不了雜菜。

小時候，只要媽媽做雜菜，我就會跑去廚房，看媽媽把材料炒好、拌勻的樣子。那時候吃的雜菜，到現在都還是我心中最棒的料理。我尤其著迷於吃完雜菜後，嘴角油油的感覺。吃一口有牛肉和蔬菜的雜菜，既豐富又香濃，真的很有被請客的豐盛感。
我也會做雜菜當作常備小菜，還會做一種變化型料理：用馬鈴薯代替冬粉，做成馬鈴薯雜菜。既不用擔心冬粉太軟爛，又可當常備菜，在特別的節日，

也能端上桌成為主菜。
大家都知道雜菜很好吃，但做起來有點複雜吧？NO！請大家擺脫對韓式雜菜的偏見。只要備妥材料，雜菜也能輕鬆完成喔！

一吃就會停不下筷子的「特餐」——馬鈴薯雜菜，感受一下它的致命魅力吧！

馬鈴薯取代了冬粉
馬鈴薯雜菜
감자잡채

汆燙的馬鈴薯過冷水，就能保留清脆口感，吃起來更清爽，加上青陽辣椒和紅辣椒絕對是刺激味蕾的關鍵，讓你一口接一口，停不下筷子。步驟比節慶時常做的雜菜更簡單，沒胃口時，夾吐司做成三明治也超好吃喔！

INGREDIENT

必備食材
馬鈴薯 1 個、蟳味棒 2 根、辣油 2ts、食用油少許

選擇性食材
魚板 3 片（100g）、青陽辣椒 2 根、紅辣椒 2 根

調味
蠔油 1Ts、鹽、胡椒粉各少許

HOW TO MAKE

1 馬鈴薯去皮、切長條狀，泡冷水 5 分鐘；將馬鈴薯條放入滾水中煮至透明，撈出平鋪冷卻。

2 蟳味棒對半切，依照紋理撕開；魚板對半切，切長條細絲；青陽辣椒、紅辣椒對半切後切細絲。

COOKING TIP

切馬鈴薯時先對半切，使一面是平的，比較好切絲。

馬鈴薯泡水能消除澱粉，不會變色，炒的時候也不會黏在一起。

3 熱油鍋，放入馬鈴薯，加鹽、胡椒粉翻炒後，加入魚板、蟳味棒，以蠔油與胡椒粉調味。

4 放入紅辣椒和青陽辣椒略炒即可。

年歲漸長後，
我開始懂得蔬菜的美味。

雖然也喜歡蔬菜清爽的口感，但更喜歡獨特的香氣。其中，我最喜歡的蔬菜之一就是紫蘇葉，這可是吃肉類料理時絕對少不了的蔬菜呢！

小時候總覺得用蔬菜包肉吃很麻煩，只會拚命大口吃肉。媽媽總會嘮叨：「用菜包肉吃才會長高，才會健康啊。」我才肯意思意思的用蔬菜包幾片肉吃，現在都不用別人說，我就自己先找紫蘇葉了。我最

喜歡吃五花肉時配大醬醃紫蘇葉，不僅能幫助消除吃肉食的腥味和油膩，還能促進食慾唷！

大醬醃紫蘇葉也是不需要等待熟成的超討喜泡菜。吃烤肉時，不妨試試用大醬醃紫蘇葉替代包飯醬（吃烤肉時，與生菜一起包的醬料），只要試一次你就會迷上，只放一片可能還不夠呢。

吃肉絕對不能少的祕密武器
大醬醃紫蘇葉

可口大醬遇上
香氣逼人的紫蘇葉

大醬醃紫蘇葉
된장깻잎김치

紫蘇葉稍微醃一下就會變軟，獨特香氣會更加迷人。加點洋蔥、紅辣椒等配料，口感更清脆。吃烤肉時，只要有一片大醬醃紫蘇葉，根本不需要再搭配包飯醬和其他蔬菜了。大家一定要記得，烤肉要好吃，祕訣就是大醬醃紫蘇葉！

INGREDIENT

必備食材
紫蘇葉 20 片

醃醬
玉筋魚露 2Ts、水 1Ts

選擇性食材
洋蔥 ½ 個、青陽辣椒 ½ 根、紅辣椒 ½ 根

調味醬
大醬 1ts、糖 1ts、果糖 1ts、鮪魚魚露 1ts、芝麻 1ts、蒜末 ½Ts

HOW TO MAKE

1 紫蘇葉蒂頭只保留約 1CM，放在流水中洗淨後瀝乾。

2 在紫蘇葉中倒入醃醬材料，醃約 30 分鐘。

3 洋蔥切細絲；青陽辣椒、紅辣椒對半切後，去籽並切細。

4 稍微擠乾醃過的紫蘇葉的水分；取醃紫蘇葉的湯汁（1Ts）加入調味醬的材料中，均勻混合。

5 在調味醬中放入洋蔥、青陽辣椒、紅辣椒，做成泡菜餡料，將餡料一層一層抹在紫蘇葉上即可。

COOKING TIP

製作調味醬時，加入醃過紫蘇葉的湯汁，味道更濃稠。全放會太鹹，約 1Ts 為宜。

因為加了果糖和洋蔥，最好在 2～3 天內食用完畢。

在餐廳吃飯，
我第一個夾的小菜，絕對是煎蛋捲。

煎蛋捲到底為什麼這麼好吃呢？小時候，只要飯桌上有煎蛋捲，就不用擔心我會抱怨配菜，因此媽媽忙碌時，早餐會做荷包蛋，比較不忙就會做煎蛋捲。我到現在都還記得，只要有煎蛋捲，那天我的早餐就吃得格外津津有味。熱熱的白飯加上煎蛋捲，真是人間美味啊！

剛開始做總是擔心會不會燒焦、會不會破掉……我這小心翼翼的性格也充分反映在煎蛋捲上，以為要慢慢捲才能完成超大的煎蛋捲，其實做煎蛋捲，只要倒入足夠的蛋液，等底部稍微熟就毫不猶豫地捲起來！跟著我的食譜，你就能學會連我這種個性也能大成功的煎蛋捲祕訣喔！
若想讓煎蛋捲味道更香濃，不妨加入莫札瑞拉起司，一定能做出大家都豎起大拇指的特級煎蛋捲。好了！現在就讓我們懷著對料理的愛，豪氣地捲煎蛋吧！

能讓小心翼翼的性格變得勇往直前
煎蛋捲

小菜界的不敗冠軍
煎蛋捲
달걀말이

在蛋液中加入鮪魚魚露，煎蛋捲的口感會更柔和，更有深度。
先將蔥充分爆香再加入蛋液中，會讓煎蛋捲香氣滿滿～
加點莫札瑞拉起司捲起來～香濃滿點的特級煎蛋捲完成了！

INGREDIENT

必備食材
雞蛋 3 個、蔥 ¼ 根、莫札瑞拉起司 1 杯、食用油少許

調味
鮪魚魚露 1ts、胡椒粉少許

選擇性食材
青陽辣椒 ½ 根、紅辣椒 ½ 根

HOW TO MAKE

1 去除雞蛋的卵黃繫帶後，加入鮪魚魚露與胡椒粉調味，打散。

2 蔥切蔥花；青陽辣椒、紅辣椒對半切後，切細末。

3 熱油鍋，放入蔥花爆香，將蔥花均勻鋪在平底鍋上。

4 倒入一半蛋液，待蛋液底部熟後，撒上莫札瑞拉起司。

5 將煎蛋捲起，再倒入蛋液，熟後再捲起，一直反覆此步驟。最後待煎蛋捲涼了後，切成容易入口大小。

COOKING TIP
蛋液要分多次加入，才能慢慢捲出厚實的煎蛋捲。

小時候，只要是生日或特別的日子，
我們就會去洋食館慶祝。

雖然餐點選項只有炸豬排、炸牛排及漢堡排，
我都會超級興奮，煩惱著要吃什麼才好。
現在的我已經自己賺錢，可以去更高級的餐廳吃飯，
但童年的洋食館，對我來說是更加珍貴的回憶。
我尤其喜歡洋食館裡的小菜——馬鈴薯沙拉，
珍惜的用湯匙挖著又香又軟的沙拉，
不知不覺就吃個精光，卻還想再吃。
我會自己動手做料理的理由之一，就是想盡情做自己想吃的食物。
做馬鈴薯沙拉時，先將馬鈴薯煮熟弄碎，
豪氣的加入喜歡的蔬菜，香甜玉米粒更要不手軟的放，
最後在美乃滋中加入有山葵的特製醬料，拌入馬鈴薯就完成囉～

夾在吐司中就變三明治，也可以放在薄餅上，
做成能一口一個的 finger food，都很美味！

充滿童年回憶的好味道
馬鈴薯沙拉

鬆軟馬鈴薯與
爽脆蔬菜的相遇

馬鈴薯沙拉
감자샐러드

馬鈴薯和蔬菜與加入山葵的特調美乃滋醬料，拌一拌～好吃的馬鈴薯沙拉完成！可以是小菜，也可以當點心～做出好吃的沙拉三明治，是絕對不會剩下、用途多多的料理！

INGREDIENT

必備食材
馬鈴薯 1 個、洋蔥 ½ 個、小黃瓜 1 根

選擇性食材
水煮蛋 2 顆、玉米粒罐頭 1 罐、午餐肉罐頭 70g、薄餅適量

調味
鹽 2ts、美乃滋 6Ts、山葵 1ts

HOW TO MAKE

1　馬鈴薯切大塊，放入微波爐加熱 5 分鐘煮熟後，趁熱弄碎；水煮蛋切厚片。

2　洋蔥切大塊、小黃瓜切薄片，各撒上 1Ts 的鹽醃漬後，以棉布包裹，擠去水分；玉米粒以濾網瀝乾。

3　午餐肉切細丁。熱油鍋，炒午餐肉，起鍋後以廚房紙巾吸去多餘油脂，放涼。

4　將美乃滋、山葵、馬鈴薯、洋蔥、小黃瓜、玉米粒、午餐肉與雞蛋等材料拌勻即可。

清脆爽口得就像沙拉
辣拌蘿蔔絲

韓國人就是要吃泡菜！
既開胃又多層次的美味，
絕對是料理首選！

我非常喜歡泡菜，喜歡到曾在媽媽醃泡菜時，單吃醃泡菜的餡料。雖然也喜歡老泡菜深厚的風味，但我更喜歡口感清脆的生泡菜。尤其是冬天煮魚板湯時，如果有剩下沒煮的白蘿蔔，我就會做成辣拌蘿蔔絲。來一口清脆又香甜的辣拌蘿蔔絲，消失的胃口都會大開喔。

讓辣拌蘿蔔絲更好吃的祕訣，就是搭配泡麵或麵類、肉類，不但幫助開胃，甜甜辣辣的味道，能讓食物更加美味。

就營養學上來看，白蘿蔔也適合搭配麵與肉類料理。白蘿蔔中有能幫助澱粉分解的酵素，能促進消化吸收。不需等待熟成，拌好立刻就能開吃的辣拌蘿蔔絲！趕快動手做，一起享用這爽口美味吧～

新鮮又爽口

辣拌
蘿蔔絲
무생채 겉절이

在切好的白蘿蔔絲中加入鹽和梅汁醃 30 分鐘，
會讓口感更清脆、富咀嚼感！
加入調味醬前，先放點辣椒粉拌勻，就能讓顏色更漂亮喔！

INGREDIENT

必備食材
白蘿蔔 ½ 個

醃醬
粗鹽 ½Ts、梅汁 1Ts

選擇性食材
水芹菜 5 根

調味醬
辣椒粉 2Ts、蒜末 1Ts、玉筋魚
露 2Ts、梅汁 2Ts、芝麻 1Ts

HOW TO MAKE

1 白蘿蔔切絲，水芹菜也切成
相同長度。

2 白蘿蔔絲中放入醃醬材料，
醃 30 分鐘。

3 醃過的白蘿蔔擠去水分，加入辣椒粉拌勻
後，加入蒜末、玉筋魚露、梅汁、芝麻拌勻，
最後放上水芹菜盛盤。

不用擔心變胖的獨特豬肉料理
牛蒡炒豬肉

我和鐘國哥是在同一個健身房運動，
最近我很努力在健身喔！

雖然我的身材沒有像鐘國哥那麼健壯，
但是身邊的人也都形容我是「受到祝福的身材」。
因為我先天體質屬於不太會胖的類型。
在《最佳料理祕訣》中試吃再多也不擔心發胖，都是托了我奇特體質的福。

工作人員都很驚訝我吃那麼多卻不發胖。
就算一連錄 5 集，在節目中不斷試吃，回家後我還是會做晚餐。
雖然屬於不易胖體質，但隨著年紀增長，
最近也感受到需要好好管理一下身材了。

所以做料理時，我特別注意飲食均衡的搭配。
吃比較油膩的料理時，一定會配蔬菜。
其中，豬肉料理和牛蒡簡直是絕配！
牛蒡能幫助消除豬肉的腥味，富含膳食纖維，具減肥功效。
雖然韓國有句話說「食物只要好吃，就是 0 卡路里」，
但如果知道食材搭配的祕訣，更能輕鬆吃得健康，又享受美味啊！

豬肉＋牛蒡＝完美組合

牛蒡炒豬肉
우엉돼지고기볶음

加了醬油和果糖，甜甜鹹鹹的豬肉，令人食慾大開，加上牛蒡的獨特口感，真的超級下飯！要不要試一試啊？

INGREDIENT

必備食材
牛蒡 ⅓ 根（90g）、豬頸肉 250g、大蒜 2 瓣、薑 1 塊、食用油少許

醃料 A
醋 1Ts、水 1 杯

醃料 B
米酒 2ts、胡椒粉少許

調味醬
辣椒粉 1½Ts、糖 1½Ts、醬油 2⅓Ts、鮪魚魚露 2ts、果糖 1ts、米酒 1ts

HOW TO MAKE

1 牛蒡去皮後切薄片，用醃料 A 浸泡牛蒡後，瀝乾。

2 去除豬肉的血水，切成容易入口大小，加入醃料 B 拌勻。

3 熱油鍋，放入牛蒡翻炒後，起鍋備用。

4 另起油鍋，放入切片的薑、切片的大蒜與豬肉翻炒。

5 等豬肉熟後，放入牛蒡和調味醬，再翻炒一下即可。

愛吃小菜的小夥子最愛的一流小菜！
麻藥醃蛋

「喜歡吃小菜的小夥子來了呦～」
我去餐廳吃飯時，
餐廳裡的阿姨都會這樣叫我。

一邊嚷嚷著，一邊幫我準備各式各樣的小菜。
然後欣慰的看著我吃得津津有味，還會期待我發表評語。
感受到阿姨們關愛的眼神，愛吃小菜的小夥子，吃得更津津有味了。
托《最佳料理祕訣》的福，我在外面或在家裡，都有好好吃飯喔。

在所有小菜中，我最喜歡雞蛋類小菜，
雖然很喜歡雞蛋捲，不過最常做來吃的是醃蛋。
水煮蛋剝殼後，光看著光滑的雞蛋堆疊在一起，就覺得很療癒，
把蛋浸泡在醬油醬汁中的畫面，也令人興奮！
在鹹鹹甜甜的醬油中加入紅辣椒和青辣椒，
那麻麻辣辣的後勁更是一絕！

這是一道能讓飯更好吃的魔法小菜喔！

家常菜中的白飯小偷
麻藥醃蛋
마약 달걀장조림

料理重點是將雞蛋放在冷水中煮到半熟程度，加入辣辣甜甜的調味醬，放入玻璃瓶中靜置半天熟成──超營養小菜完成～是一道會讓人無意識的一直伸出筷子、一吃上癮的魔力小菜喔！

INGREDIENT

必備食材
雞蛋 6 個、醋 1Ts、蔥 ½ 根、洋蔥 ½ 個

選擇性食材
青辣椒 1 根、紅辣椒 1 根

調味醬
醬油 ⅔ 杯、水 ⅔ 杯、糖 ½ 杯、蒜末 1Ts

HOW TO MAKE

1 雞蛋放入冷水中煮 7 分鐘後撈出，立即放入冷水中冷卻、剝殼。

2 在鍋中放入醬油、水、糖和蒜末煮滾一次後，放至冷卻，製成調味醬。

3 蔥、洋蔥切細末；青辣椒、紅辣椒去籽後切細末。

4 將調味醬、蔬菜及水煮蛋放入玻璃瓶中，放置半天熟成。

吃義大利麵一定要配醃漬切，
才是完美組合。

吃披薩就更不用說了，連吃肉也一樣，配醃漬小菜一起吃，解膩又爽口，還能提升料理的品味。大家一定曾在餐廳中追加過酸黃瓜類醃漬小菜吧？現在不需要再看別人的臉色了，在家就能輕鬆做出醃漬小菜。一次醃好存放，想吃就隨時都能吃。

酸脆爽口的醃黃瓜雖然好吃，但偶爾也想嘗點不一樣的，我最推薦醃番茄與醃葡萄喔！顆顆清爽～口感爆發的滋味，尤其紅紅的番茄和綠綠的葡萄，光看顏色就令人垂涎三尺，相信你一定會喜歡。

這類醃漬小菜，很適合搭配早餐的吐司或早午餐，與肉類料理也很合。而且光看外表，就能感覺到醃葡萄和醃番茄的飽滿美味，用它來裝飾餐桌，讓用餐風情更顯不同吧！

滿滿果汁～顆顆香甜～
醃葡萄 & 醃番茄

清爽感大爆發

醃葡萄 &
醃番茄

방울토마토 포도피클

在番茄和葡萄上，用牙籤或叉子戳 2 到 3 個洞，可以幫助入味！醃漬湯汁先煮滾一次後冷卻，將番茄、葡萄放入消毒過的玻璃瓶，倒入醃漬湯汁，放到冰箱中就能保存很久，想吃時拿出來，立刻就能享用美味的醃葡萄和番茄囉～

INGREDIENT

必備食材
醋 2Ts、小番茄 30 顆、青葡萄 10 顆、紫葡萄 10 顆

醃料
水 1⅓ 杯、糖 ⅓ 杯、醋 ⅓ 杯、鹽 1ts、醃漬香料（Pickling Spices）2Ts

HOW TO MAKE

1　在水（2Ts）中放入醋（2Ts）浸泡小番茄、葡萄。

2　小番茄去除蒂頭，葡萄剝成一顆一顆，瀝乾。以牙籤或叉子，在小番茄和葡萄上各戳 2～3 個洞。

3　將醃料的材料放入鍋中，煮滾一次後熄火。

4　將小番茄和葡萄放入消毒過的玻璃瓶中，倒入煮滾的醃漬湯汁，要蓋過番茄和葡萄的程度。放置冷卻後，放入冰箱熟成。

5　一天後即可食用，食用前可將番茄和葡萄對半切成容易入口大小。

COOKING TIP

消毒玻璃瓶的方法：在深鍋中約放入水，要能淹過玻璃瓶口，煮約 10 分鐘。

這一章要為大家介紹嘴有點饞時適合做來吃，
對我而言也充滿甜美回憶的利特牌點心！

有媽媽做給我吃的果香糖醋肉，
我最常做的超簡單炒年糕，
還有加入馬鈴薯、一吃就上癮的雞蛋三明治，
身為披薩店前老闆的兒子的我，還要教大家超簡單的披薩做法唷！

全都是我喜歡的點心，一定要跟著做做看喔！

PART 6

有點餓、有點饞，就吃**利特牌點心**

餃子實在好吃耶！
乾烹煎餃

大家都知道，
利特很喜歡大叔笑話吧？

說到吃餃子就想到一件事。
有一天，餃子因為肚子爆開去了醫院。
「醫生……餃子餡流出來了，怎麼辦？」
大家知道醫生的回答是什麼嗎？
「可是餃子皮不夠啊……」

一個笑話好像不夠，再來一個好了。
「兩個餃子，猜一個詞？」
「辭職＊！」

這兩個大叔笑話有點太冷了嗎？
真是不好意思……
年紀大了後，就會覺得這種笑話很有趣嘛！
餃子是有著滿滿內餡的料理，
薄薄的餃子皮裡塞入豐盛的蔬菜和肉～
一口吃下，立刻感受到那多層次的風味。
餃子也是活用度很高的食材，適合多種料理，
像湯餃、年糕湯餃與辣炒年糕鍋……
直接買包好的市售餃子也很好吃喔！
加上乾烹醬，就像是來到了中國的感覺，
跟在當地吃到的一樣。
利特也喜歡的餃子大變身！
乾烹餃子咬一口，忍不住要大呼過癮！

＊ 韓文發音與「那兩個餃子」類似。

誰都會愛的餃子料理
乾烹煎餃
깐풍만두

將辣椒和蔥、蒜切得細細的，加進又酸又鹹的醋醬油中，有著能凸顯後味的麻辣感～立刻讓食慾大增！更消除了煎餃的油膩感。

快把冰箱中現成的冷凍餃子拿出來，做這道乾烹煎餃，煎得焦香酥脆的煎餃淋上乾烹醬～只吃一個絕對不夠，可能會好吃到把冰箱的餃子都一掃而空喔！

INGREDIENT

必備食材	選擇性食材	調味醬
餃子 20 個	紅辣椒 ½ 根、青陽辣椒 ½ 根、蔥白 ¼ 根、蒜末 1ts	糖 1Ts、醋 1Ts、醬油 2Ts、米酒 1ts

HOW TO MAKE

1　熱油鍋，將解凍一半的餃子放入，煎至金黃，起鍋備用。

2　紅辣椒、青陽辣椒和蔥都切細末。

3　糖、醋、醬油和米酒混合成調味醬。

4　熱油鍋，放入蔥、蒜末、紅辣椒和青陽辣椒爆香。

5　放入調味醬煮滾，放入煎好的餃子快速拌勻即可。

COOKING TIP

如果是炸餃子，要趁熱快速拌勻，才能維持酥脆口感。

和媽媽手牽手去遊樂園的味道
酥炸鑫鑫腸

我超級喜歡路邊的小吃。

在我還是學生與練習生的時期，就很常買路邊小吃。隨著季節不同，可以和朋友一起吃辣炒年糕、魚板、糖餅、鯛魚燒……不同季節的路邊小吃都別有趣味，所謂路邊小吃的味道，就是兒時記憶的甜蜜滋味。以前我最常買的小吃之一就是熱狗。熱狗炸得脆脆的，撒上糖粉、淋上番茄醬，熱熱的咬上一口，感覺那一整天都變得明亮美好。雖然現在的我可以自掏腰包買來吃了，還是很懷念以前纏著要媽媽買熱狗給我的感覺啊。

不論是音樂或電影，只要有著特殊的回憶，就會一直一直保存在記憶中，就彷彿有股無形的力量，讓我們即使忙於生活，也能透過音樂或電影，回憶起被遺忘的時光。

料理好像也是這樣。我曾在電視上看過一位住在國外的韓國人，因為想吃媽媽做的料理而大哭。料理就是有一種力量，讓人吃一口就能回想起珍貴的時光和人物。牽著媽媽的手，吃著酥脆熱狗，我當時有多麼幸福，為什麼那個時候的我不明白呢？

在家裡做路邊小吃
酥炸鑫鑫腸
비엔나핫도그

將熱狗用小巧的鑫鑫腸取代,這是宅男宅女最愛食譜!只要用鬆餅粉就能輕鬆做出酥脆的炸鑫鑫腸!
先將鑫鑫腸切幾刀再汆燙,去除油膩感和不必要的添加物,裹上麵糊,炸得金黃酥脆就完成了。也可以先包起司再裹麵糊,做成進階版的起司鑫鑫腸喔!

INGREDIENT

必備食材
鑫鑫腸 10 個、麵粉 ½ 杯、鬆餅預拌粉 ¼ 杯、牛奶 ⅙ 杯、竹籤 10 根、炸物用油 2 杯

選擇性食材
莫札瑞拉起司片 4 片、麵包粉 ½ 杯

COOKING TIP
先將鑫鑫腸泡熱水,炸的時候才不會因水分而噴濺。

HOW TO MAKE

1　在鑫鑫腸表面劃幾刀,泡一下熱水,去除油膩感後撈出。

2　混合麵粉、鬆餅預拌粉、牛奶,調成麵糊。

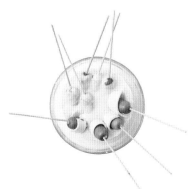

3　將 6 根竹籤串上鑫鑫腸,裹麵糊;另外 4 根竹籤串鑫鑫腸,包上起司片,再裹麵糊。

4　油預熱 180 度,鑫鑫腸串沾取麵包粉後,炸至金黃酥脆。

一杯滿滿的美味健康～

芒果牛奶
& 芒果優格

망고슬러시 & 망라씨

整顆富含維他命與礦物質，甜度破表的芒果，
加入牛奶後，就變成口感滑順的芒果牛奶！
換成原味優格，就變身酸甜健康的芒果優格！
根據個人喜好加入蜂蜜，更加香甜誘人～

讓我從菜鳥工讀生變專業等級！
芒果牛奶 & 芒果優格

常聽到別人說，我看起來滿小氣的。

也有很多人以為我的成長過程很順利，不知人間疾苦，
其實出道前的我為了賺零用錢，在梨大前的咖啡廳打工。
大家都知道咖啡廳的菜單種類很多，我打工的咖啡廳人氣餐點就是芒果汁。
親手榨過芒果汁的朋友應該知道，芒果是個需要訣竅才能處理的水果。
一開始我常被指責：「怎麼這麼不會切芒果，果肉都黏在皮上了。」
經歷好一段打工切芒果的日子，我才漸漸掌握訣竅，
現在切芒果的實力可說是職業級的喔！

現在就來教大家切芒果的要領～
芒果中間有個大又扁平的籽，切的時候要從芒果中間略偏旁邊的地方下刀，
左邊切～右邊切～然後將左右兩邊的芒果肉直切、橫切成丁，
將果皮翻過來～果肉就完整呈現囉！
只要有香甜的芒果肉，就能完成咖啡廳的超人氣餐點。
芒果高手利特的芒果牛奶和芒果優格，一起試做看看吧！

R·E·C·I·P·E 1
芒果牛奶

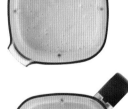

INGREDIENT	HOW TO MAKE
必備食材 芒果 ½ 個、牛奶 ⅓ 杯、蜂蜜 1Ts	1 將芒果、牛奶和蜂蜜放入果汁機中打碎。 2 裝入杯子中。

R·E·C·I·P·E 2
芒果優格

INGREDIENT

必備食材
冷凍芒果 1 杯、原味優格 2 個、
蜂蜜 1Ts

選擇性食材
牛奶 2Ts、杏仁片少許

HOW TO MAKE

1 將冷凍芒果稍微解凍。
2 將芒果、原味優格、牛奶和蜂蜜放入果汁機中，打成略帶顆粒感的
   狀態。
3 打好的優格裝杯，放上杏仁片。

不久前，我問來韓國觀光的
外國朋友，
最好吃的韓國料理是什麼？

外國人票選的韓國料理 TOP 5！
第 5 名是炸雞，第 4 名泡菜包水煮肉，第 3 名是辣炒雞排，第 2 名是海鮮辣湯麵。眾望所歸的第 1 名——咚咚咚咚～是香腸年糕串～！
的確，在休息站吃的香腸年糕串最好吃了啊……

說來很巧，年糕串也是我很常做來吃的最愛點心，

在香腸年糕串的風潮興起前，我就很愛吃年糕串。只有年糕就是年糕串，加上香腸成為香腸年糕串，還可以任意組合魚板加年糕、五花肉加年糕等，可用家裡現成的材料創造出有趣的組合。

我只要有空就會做來吃，因此也有專屬於我的年糕串「特」別公式。只要用我這個年糕串料理王的黃金比例調味醬，不管是抹在香腸年糕、魚板年糕或任何年糕上，都是天生絕配！吃貨主持人李英子姐姐也不知道的年糕串新世界～就讓利特來告訴你！

Q 彈有嚼勁
大家都喜歡的小吃

年糕串

떡꼬치

這就是小時候在小吃店的那個味道！一樣酥脆，一樣 Q 彈，在烤好的年糕串上抹上甜甜辣辣的萬能醬料～撒上花生粉，香噴噴的年糕串來囉！一口一個，當最後一個年糕從竹籤上消失，你一定會覺得意猶未盡呢！

INGREDIENT

必備食材
條狀年糕 12 個、食用油適量
香腸年糕串：鑫鑫腸 9 個、條狀年糕 6 個、年糕串調味醬適量、蜂蜜芥末醬適量
魚板年糕串：長魚板 9 個、條狀年糕 6 個、年糕串調味醬適量

調味醬
辣椒醬 1Ts、番茄醬 2Ts、醬油 1ts、糖 2Ts、果糖 1Ts、蒜末 ½Ts

HOW TO MAKE

1 將年糕泡在微溫水中，撈出瀝乾。

2 辣椒醬、番茄醬、醬油、糖、果糖與蒜末混合成調味醬。

3 熱油鍋，放入年糕以半煎炸的方式煮熟。

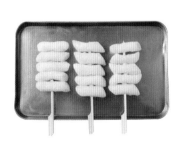

4 將煎好的年糕以每 4 ～ 5 個用竹籤串成一串。

5 調味醬塗抹在年糕串前後，稍微烤一下即可。

COOKING TIP

年糕串起前，先煎炸過，才能外酥內軟。

香腸年糕串或魚板年糕串亦同，材料都要先煎過再串才香酥。

將年糕串醬料多做一些存放起來，要用更方便。

爸爸用來喚醒孩子的晨間美味
雞蛋三明治

2019 年是黃金豬年，我 37 歲了。

我曾以為自己 37 歲會結婚，沒想到轉眼就來到這個年紀了，

我大概會是 Super Junior 成員中最晚結婚的吧！

但無論多晚，只要結了婚，

我想成為一個把家人放在第一順位的傻瓜。

想成為細心的丈夫，更希望當一個好爸爸。

如果能成為被孩子喜愛的爸爸，我想我會很高興。

我想做點心或早餐給孩子吃，

特別是我平時常做的雞蛋三明治。

在鮮嫩的煎蛋上抹草莓醬，夾入馬鈴薯和萵苣，

這就是我填飽肚子的獨家祕訣！

吐司、煎蛋和起司，
加上草莓醬就 OK！

想再吃得更特別一點？可以先將馬鈴薯煎炸得外皮酥脆，放入蛋液一起煎，夾入萵苣，會讓雞蛋三明治越嚼越香，口感更豐富喔！

雞蛋三明治
달걀샌드위치

INGREDIENT

必備食材
吐司 2 片、雞蛋 1 個、起司 1 片、草莓醬少許

選擇性食材
馬鈴薯 ¼ 個、萵苣葉 2 片

調味
鹽少許，胡椒粉少許，食用油 5Ts

醬料
醃黃瓜 1½Ts、洋蔥 2Ts、美乃滋 1 ½Ts、蜂蜜芥末醬 1ts

HOW TO MAKE

1 吐司抹奶油；雞蛋去除卵黃繫帶以濾網過篩，加鹽調味。
2 醃黃瓜、洋蔥切末，與美乃滋、蜂蜜芥末醬混合成醬料。
3 馬鈴薯用刨絲器刨成絲，加鹽調味。
4 熱油鍋，炒馬鈴薯後，起鍋瀝乾多餘油脂，加胡椒粉拌勻。
5 將調味的蛋液與馬鈴薯均勻混合，放入鍋中煎至金黃酥脆。
6 吐司烤至兩面金黃，抹上草莓醬。
7 在烤好的吐司上依序放煎蛋、醬料、萵苣、起司片，最後再蓋上抹有草莓醬的另一片吐司。

COOKING TIP

在烤過的吐司抹一層草莓醬或
美乃滋，可扮演黏著劑的角色，
讓裡面的食材不會掉落。

學校前小吃店的美味回憶
辣炒年糕

這是我最喜歡的一道料理唷。

無論男女老少都喜歡，而且任何時候吃都好吃，
尤其最近更感覺到辣炒年糕的人氣節節高升。
有很多人會點辣炒年糕的外送，還開了很多炒年糕專賣店，
網路上也有很多吸睛的辣炒年糕吃播或好吃店家的資訊。
辣炒年糕的做法雖然簡單，但在家裡做，總覺得味道差了那麼一點點……
要做出與美味年糕店賣的一樣美味，真的不太容易，
就算放了一般調味常用的辣椒醬、辣椒粉、糖和醬油，
還是很難做出跟外面一樣的味道。
其實辣炒年糕的醬料好吃的關鍵，
不在放入什麼食材，而是調味料的比例。
我平常有空就會做辣炒年糕，所以研發出個人的特別公式。
以前和 Super Junior 成員一起住宿舍時也常做給大家吃，
連挑嘴的成員都對我做的辣炒年糕豎起大拇指呢！

只要有辣炒年糕王利特的黃金比例調味醬，
不論是誰都能做出好吃的辣炒年糕！

怎麼吃都不會膩

辣炒年糕
떡볶이

平凡的美味，即使不加很多食材也一樣好吃！
Q 彈有勁～甜甜辣辣～完美再現記憶中學校前小吃店、
路邊攤的好味道！
美味祕訣就在調味醬比例與湯頭。
快來做做看這道韓國人畢生摯愛的風味小吃吧！
只要照著食譜做，保證味道不會差，辣炒年糕迷們，快動手啊！

INGREDIENT

必備食材
條狀年糕 1 杯（200g）、水 1 杯

選擇性食材
四方形魚板 1 片（50g）、蔥 ¼ 根、
高湯 1ts

調味醬
辣椒醬 1Ts、辣椒粉 2Ts、醬油少許、
糖 1½Ts、果糖 1Ts

HOW TO MAKE

1　先將條狀年糕浸泡在微溫水中，使其分離。
2　將四方形魚板切成一口大小；蔥切蔥花。
3　高湯加入水（1 杯）中煮滾後，放入調味醬的全部材料。
4　煮滾後，放入年糕和魚板，煮到湯汁變濃稠，撒上蔥花即可。

像 Super Junior
一樣團結
什錦蔬菜捲

我們是 Super Junior！
就是要在一起才對味！

利特人生中最忙碌的日子，就是 2005 年 11 月 6 日！
這一天，是 Super Junior 出道的日子。
沒想到以 Super Junior 的身分和粉絲相遇
至今已經 15 年了，
我們出道時，偶像團體大多是 4 到 6 人，
像 Super Junior 這麼多成員的團體實在少見。
和成員一起練習、一起活動，
每個成員都有自己的個性，
也有互不相讓的時候。
即便是一家人也會吵架了，
但我們透過不斷的爭執，
更了解彼此的個性和需求，也因此變得更加緊密。
現在，我和成員們也成為家人，
甚至我們的兄弟姐妹和父母，
都變成關係密切的大家族。
Super Junior 每個成員都有各自的魅力，
但似乎聚在一起時所產生的化學效應更強。
身為《最佳料理祕訣》主持人、
Super Junior 隊長，
要是將 Super Junior 比喻成一道料理，
大概就是什錦蔬菜捲吧！
就像是所有成員聚在一起時會更發光發熱，
什錦蔬菜捲不就是將多種食材捲在一起成為美食嗎？
當兵的成員退伍後，
希望能聚在一起吃什錦蔬菜捲。
隊長利特的心意，不知道大家能不能感受到呢？

一口咬下就能感受到的
魅力十足！

什錦蔬菜捲
스프링롤

不用費事處理肉類，只要將培根烤一烤，這道料理的美味就已經確保了一半！酸甜的鳳梨是讓蔬菜捲更爽口的要角，用米紙把蔬菜捲捲捲～包起來，記得一定要沾甜甜辣辣的沾醬吃唷！

INGREDIENT

必備食材
米紙 3 張、培根 3 片、鳳梨 ½ 個

選擇性食材
小黃瓜 ⅓ 根、彩椒 ¼ 個、洋蔥 ¼ 個、高麗菜葉 2 片、
小番茄 4 個、水煮蛋 1 個、紫蘇葉 3 片

醬料
辣椒醬 1ts、是拉差辣椒醬 2Ts、辣醬 1½Ts、蜂蜜
1ts、醋 1ts

HOW TO MAKE

1 培根切片，熱鍋放入培根略炒後起鍋，放在廚房紙巾上吸去多餘油脂。

2 小黃瓜、彩椒、洋蔥、高麗菜切細絲；小番茄對半切；鳳梨和水煮蛋切成容易入口大小。

3 米紙用熱水泡軟後，鋪上紫蘇葉，將切好的材料依序放上後捲起。

4 蔬菜捲切段後裝盤，將醬料材料均勻混合，一起上桌。

COOKING TIP
雞蛋煮約 12 分鐘就是全熟，
10 分鐘左右是半熟。

我在出道前，當了 5 年的練習生。

每天下課後，就去練習室練唱、練舞。
在那滿懷飢餓精神的時期，披薩是連接我和媽媽的樞紐。
結束練習回到家，幾乎都已經晚上 11、12 點了⋯⋯
但不管多晚，媽媽都會等我回來。
因為當時，媽媽要採買經營的披薩店食材，她一個人無法提那麼重的東西。
雖然偶爾也覺得煩，還在去 24 小時超市的路上跟媽媽抱怨。
現在想想，當時的我應該還是很喜歡和媽媽兩人的小約會。
可以分享練習時的辛苦，哼著歌，提著滿滿的披薩食材和飲料的練習生日子⋯⋯
雖然當時大概把一輩子要吃的披薩都吃完了，但現在還是很喜歡披薩。
當時最貴、最受歡迎的披薩就是總匯披薩。

在家最好做的是鮮蝦墨西哥薄披薩，
以前是媽媽做給我吃，現在換我做給媽媽吃。
我做的披薩，媽媽可以吃光一整盤唷！
之後我要是成為爸爸，也要做健康的披薩給我的孩子吃。

鮮嫩練習生時期～這是當時的味道！
鮮蝦墨西哥薄披薩

吃光一整盤也 OK！
絕對享「瘦」的義大利風味

鮮蝦墨西哥薄披薩

토르티야피자

這是一道清爽、不需搭配酸黃瓜的薄餅皮墨西哥披薩，自己吃光一整盤也不會感到負擔。香酥蒜片與彈牙的蝦子，口感超搭，會讓人忍不住一口接一口。墨西哥辣醬不要抹在餅皮上，就能維持披薩的酥脆口感了喔！

COOKING TIP

製作蒜片時，要以中小火慢慢炒，才能炒出蒜香味。

INGREDIENT

必備食材
披薩薄餅皮 1 片、大蒜 3 瓣、
蝦仁 6 隻、莫札瑞拉起司 ½ 杯

選擇性食材
黑橄欖 5 個、青椒 ½ 個、綠
花椰菜 ⅛ 個

調味
橄欖油 1Ts、蜂蜜 2Ts

醃料
辣醬 ⅔Ts、胡椒粉少許

HOW TO MAKE

1　在蝦仁中倒入辣醬和胡椒粉醃入味。
2　大蒜和黑橄欖切片；青椒切細絲；綠花椰菜切細。
3　熱鍋，倒入橄欖油，放入蒜片炒成香酥蒜片，以廚房紙巾吸去多餘油脂。
4　在炒蒜片的鍋裡爆炒調味過的蝦仁，撈起備用。
5　餅皮放入鍋中，依序鋪上莫札瑞拉起司、蝦仁、蒜片、黑橄欖、青椒和綠花椰菜。
6　撒上剩餘的莫札瑞拉起司，蓋上鍋蓋煎 2 ～ 3 分鐘。
7　待起司融化後裝盤、切片。可根據個人喜好淋上蜂蜜。

媽媽為愛吃肉的兒子做的點心
果香糖醋肉

畢業典禮、搬家日首選，
還有外送料理第1名，
就是中式料理。

我最常吃的中式料理不是外面賣的，而是媽媽做的。媽媽有韓式料理師證照，手藝很好。為了養育我和姐姐，媽媽開過漢堡店、披薩店和咖啡廳，也會親自做料理，我應該有遺傳到媽媽的料理DNA吧！我主持《最佳料理祕訣》時，媽媽真的很高興。

小時候，媽媽會親自為我和姐姐做點心，相信《最佳料理祕訣》的觀眾都知道，我非常喜歡吃肉，小時候更是無肉不歡。

我最喜歡的點心就是糖醋肉，所以媽媽在家最常做的點心也是糖醋肉。當酸酸甜甜的醬汁和炸得酥脆的肉混在一起，我都會開心得忍不住抖動雙肩，媽媽看到我的樣子，也跟著笑出來。雖然現在想想，直接點外賣還比較輕鬆……

我後來才明白，媽媽想為兒子親手做喜歡的料理，是多麼深刻的愛。糖醋肉，就是能讓我想起與媽媽的溫馨時光的最愛食物！開始學做料理後，我最想學的就是糖醋肉。

我做的兒子牌糖醋肉，是加入很多水果、酸甜的果風糖醋肉。盛裝著滿滿的愛～想要親自獻給媽媽。

酥脆炸肉遇見酸甜醬汁

果香糖醋肉

과일탕수육

豬肉用里脊肉，口感會更好。醬料放入蘋果、橘子和鳳梨罐頭更香甜！也可以依個人喜好用家裡現有的水果。在果風糖醋肉面前，根本不需煩惱要淋醬吃還是沾醬吃，因為不管怎麼吃，你都一定會愛上它！

INGREDIENT

必備食材
豬里脊肉 200g、太白粉 60g、蛋白 1 個、食用油適量

選擇性食材
韭菜末 ⅓ 杯、蘋果 ¼ 個、小黃瓜 ⅓ 根、砂糖橘 1 個、鳳梨罐頭果肉 2 片

醃料
鹽、胡椒粉各少許、味醂 ½Ts、米酒 1Ts

醬料
糖 3Ts、水 ½ 杯、醋 5Ts、梅汁 2Ts、醬油 1Ts、勾芡水 1Ts

HOW TO MAKE

1 豬肉切成一口大小的長條狀，加醃料材料拌勻。

2 混合太白粉和 1½ 杯水，放置一會，將多餘的水倒掉留下麵糊，加入蛋白、韭菜末攪拌混合，放入豬肉，讓麵糊均勻裹在豬肉上。

3 油預熱至 180 度，放入豬肉炸至金黃後撈起，放在濾網上稍微瀝乾後，再炸一次。

4 蘋果去籽、切除蒂頭並削皮，切成一口大小；小黃瓜切成半月形片狀；橘子去皮，剝成一瓣一瓣；鳳梨罐頭果肉切成一口大小。

5 熱鍋，放入除了勾芡水外的醬料其他材料，放入蘋果、小黃瓜、橘子、鳳梨罐頭一起煮。倒入勾芡水調整濃稠度，最後將水果糖醋醬與豬肉一起上桌。

你有好好吃早餐嗎？

我以前很常不吃早餐，但現在為了健康，一定會吃早餐。
身為麵包蟲的我，早餐主要都吃麵包。
我善用在《最佳料理祕訣》學到的訣竅，
將吐司冰在冷凍庫，每天早上都能輕鬆享受美味吐司。
取出兩片吐司自然解凍，切成片狀冷藏的奶油放入鍋中，
奶油融化後，將麵包稍微煎一下，再煎個蛋或搭配麥片吃。

想知道美味的利特牌吐司祕訣嗎？
吐司抹上滿滿我最愛的草莓醬，大口咬下！
如果想吃得更飽足，可以加入麻糬，
根據當天的心情做成麻糬漢堡或黃豆粉麻糬吐司。
如果想吃得清爽一點，就選擇加入起司和蔬菜的麻糬漢堡，
想來點甜滋滋的早餐，就吃淋上蜂蜜的黃豆粉麻糬吐司吧！

很適合做為早午餐～當點心也很棒喔！

記得要吃早餐喔！
麻糬漢堡 & 黃豆粉麻糬吐司

想要飽餐一頓時

麻糬漢堡
인절미햄버거

用麻糬取代漢堡肉，不僅能吃飽，還會迷上那 Q 彈的口感，超滿足！
用奶油起司和酸黃瓜當作佐料，風味迷人～
而將吐司用奶油煎過，撒上花生粉，加上蜂蜜和莫札瑞拉起司，就完成
口感多層次的特製三明治，滋味豐富，樂趣十足。

INGREDIENT

必備食材
酸黃瓜 1 根（30g）、麻糬 2 塊、
小漢堡包 2 個、奶油起司 4Ts

選擇性食材
萵苣 ½ 把（20g）、番茄 ½
個

調味醬
香油 1ts、調味醬油 1ts

調味
蜂蜜少許、食用油適量

HOW TO MAKE

1 酸黃瓜切碎；萵苣洗淨備用；
番茄切成厚 1cm 片狀。

2 將香油和調味醬油混合成調
味醬，刷在麻糬上。

3 熱油鍋，放入麻糬略煎。

4 漢堡包對切，依序放上酸黃瓜
末、萵苣、麻糬、蜂蜜與番茄。

P·L·U·S R·E·C·I·P·E

黃豆粉麻糬吐司 인절미토스트

INGREDIENT

必備食材
吐司 2 片、麻糬 6 塊、蜂蜜
1Ts、奶油少許

選擇性食材
碎花生 3Ts

醬料
煉乳 2Ts、黃豆粉 1Ts

HOW TO MAKE

1 熱鍋，放入奶油融化後，將吐司煎至金黃。
2 麻糬切成一口大小，撒上黃豆粉。
3 吐司抹上蜂蜜，放上黃豆粉麻糬，放入微波爐中加熱 1 分鐘。
4 將吐司裝盤，淋上煉乳，撒上花生粉和黃豆粉。

COOKING TIP

若用烤麵包機，則不須加
奶油。

可用碎核桃、堅果類取代
碎花生。

清脆爽口的 finger food
黃瓜壽司卷

大家都覺得我很愛乾淨，
還是「整理達人」。

某回我上傳了冰箱的照片，粉絲們都大吃一驚，問我：「平常真的都把咖啡、飲料和啤酒分門別類的擺放嗎？」我一個人生活至今也4年了，現在可說是整理達人，除了衣服或家中用品都親自整理，廚房當然也整理得乾乾淨淨。

電磁爐會用專用清潔劑擦拭，雖然偶爾也會懶得清洗料理後的廚具，但就算想要拖延，也應該立刻洗乾淨，這樣下一次要做料理時才方便。料理就是要整潔，整潔度也會反映在料理的味道中！

隨著我的料理越做越好，也開始關心怎麼擺盤，畢竟看起來好吃，也能為料理加分嘛！現在就要來教大家一道做法容易又好吃的小點心，會讓我們忍不住愛上小黃瓜爽脆口感的黃瓜壽司卷。

先在溫熱的白飯中加入調好的醋，放涼後捏成一口大小，用黃瓜捲起，放上鮭魚、蟹肉絲和飛魚卵就完成囉！要出門兜風時，很適合做黃瓜壽司卷當便當，一定會讓大家驚豔的說：「幹嘛還特別準備這個啊！」

爽口又清脆

黃瓜壽司卷
오이말이초밥

請大家拋棄壽司很難做的成見！用刨刀將小黃瓜削成薄片，就能維持黃瓜的爽口，讓你越咀嚼越清爽！在鮭魚罐頭中加入美乃滋、山葵、辣醬拌勻，這樣的餡料開胃又不膩口，也可以根據個人喜好加蟹肉絲或飛魚卵，品嘗看看這一口一個的美味吧！

INGREDIENT

必備食材
小黃瓜 1 條、飯 1 碗

選擇性食材
鮭魚罐頭 ½ 罐（50g）、蟳味棒 3 條、飛魚卵 3Ts

調味醋
醋 2Ts、糖 1½Ts、鹽 1ts、檸檬汁 1ts

調味
鹽少許、美乃滋 2Ts、洋蔥末 1½Ts、山葵 ½Ts、辣醬 ½Ts、米酒 ¼ 杯

HOW TO MAKE

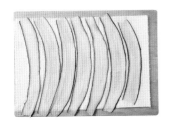

1　小黃瓜以刨刀削成薄片，加鹽醃 10 分鐘後，用廚房紙巾或棉布拭去水分。

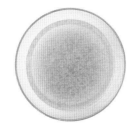

2　混合醋、糖和檸檬汁做成調味醋，加入飯中拌勻後放涼。

3　鮭魚罐頭瀝油，加入美乃滋（1Ts）、洋蔥末、山葵與辣醬，混合成餡料。

4　蟳味棒切丁，加入美乃滋（1Ts）拌勻；飛魚卵浸泡米酒後瀝乾。

5　將醋飯捏成一口大小，用小黃瓜薄片捲起，上面各自放上鮭魚、蟹肉、飛魚卵等餡料。

COOKING TIP

調味醋要在飯還熱的時候拌，才會入味。

如果要立刻吃，小黃瓜可以不醃，但醃過更能保持乾爽。

Super Junior 是一直持續在活動的偶像團體，
參加過很多海外活動。
每次到海外，我就會去尋找當地美食。
現在親手做著這些當地美食，又回想起當初的情景，
不由得再次發自內心的感謝粉絲們，
真希望有機會能親手做料理給大家吃。

現在，我要將那些吃過的美食做成「特」式風格，
要和我一起嘗嘗看嗎？

PART 7

與利特一起出發！世界美味之旅

口感柔嫩的雞柳串

沙嗲雞肉串

치킨사테

如果去東南亞，一定會看到將各式肉類或海鮮串起來，抹上厚厚一層醬料的串燒，這種肉串料理稱為「沙嗲」。

柔滑順口的雞柳條抹上隱隱帶著咖哩香氣的抹醬，記得一定要沾花生醬吃喔！

INGREDIENT

必備食材
雞柳條 300g、食用油適量

醃料
糖 ½Ts、醬油 1Ts、米酒 1Ts、
蠔油 1ts、咖哩粉 1Ts

花生醬料
魚露 1Ts、椰子油 1ts、蜂蜜 1ts
、花生醬 1Ts

HOW TO MAKE

1　雞柳條過水後瀝乾，去筋。

2　將糖、醬油、米酒、蠔油和咖哩粉混合成醃料，與雞柳條拌勻，醃 10 分鐘。

3　將醃過的雞柳條串起，熱油鍋，煎至金黃。混合花生醬料食材，和雞肉串一起上桌。

> COOKING TIP
>
> 測試雞肉度，可稍微按壓，覺得硬硬的就是全熟。
> 花生醬和椰子油都比較濃稠，可先放入微波爐中稍微加熱溶化，較容易均勻混合。

酸酸甜甜，美味爆棚！

鳳梨鮮蝦炒飯
파인애플볶음밥

將水果放入飯中？剛開始可能會覺得怪怪的，但一放入口中，立刻就能理解那種酸甜美味。加入魚露做成炒飯，香濃氣息又更上一層樓！我特別加入了紅辣椒碎（Crushed red pepper）增添辣味，也可以搭辣醬或甜辣醬喔。

INGREDIENT

必備食材
鳳梨罐頭 130g、蔥白 ⅓ 根、雞蛋 2 個、熱飯 1 碗

選擇性食材
蝦仁 10 隻（70g）、碎花生少許、紅辣椒碎少許

調味
鹽少許、食用油 3Ts

醃料
米酒 1Ts、胡椒粉少許

調味醬
青陽辣椒末 1ts、紅辣椒末 1ts、魚露 ½ts、醬油 ½ts、鳳梨罐頭湯汁 1ts、胡椒粉少許

HOW TO MAKE

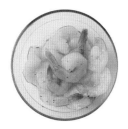

1 鳳梨切大塊；蔥切片；蝦仁放入米酒和胡椒粉混合的醃料中。

2 雞蛋去除卵黃繫帶後，打散，加鹽調味。

3 將青陽辣椒末、紅辣椒末、魚露、醬油、鳳梨罐頭湯汁、胡椒粉混合成調味醬。

4 熱鍋，倒入食用油（2Ts），放入蔥白炒成蔥油後，放入蝦仁、鳳梨略炒。等蝦仁八成熟，加入飯和調味醬一起炒。

5 將炒飯先推到一邊，在剩下的空間倒入油（1Ts），放入蛋液，做成炒蛋，與飯和食材混合。起鍋前撒上碎花生和紅辣椒碎。

和風日式

咖哩烏龍麵
& 咖哩飯

카레우동 & 카레라이스

咖哩在韓國也滿受歡迎的，胖嘟嘟的烏龍麵條裹著咖哩湯汁，呼嚕嚕一口吸進嘴裡，心裡會覺得特別滿足。我做的咖哩不只適合搭配烏龍麵，拌入白飯也一樣好吃，做這道咖哩之前，一定要有吃光一整碗的覺悟喔！

INGREDIENT

必備食材
洋蔥 1 個、馬鈴薯 1 個、紅蘿蔔 1 個、豬肉絲 100g、咖哩塊 60g

調味
粗鹽 1Ts、鹽、胡椒粉各少許

選擇性食材
烏龍麵 1 包、飯 1 碗

HOW TO MAKE

1 將洋蔥、馬鈴薯和紅蘿蔔切絲。馬鈴薯和紅蘿蔔撒上粗鹽醃 10 分鐘，過水後瀝乾。

2 熱油鍋，放入洋蔥炒到呈淡褐色。

3 放入馬鈴薯、紅蘿蔔翻炒，接著放豬肉絲炒一下，撒上鹽和胡椒粉調味。

4 倒入水（2 杯），等蔬菜都煮熟後熄火，放入咖哩塊，再開火煮到湯汁變濃稠。

5 與飯或烏龍麵一起裝盤就完成！

COOKING TIP

馬鈴薯和紅蘿蔔先醃過再炒，較不容易碎掉，咖哩也更易入味。

忍不住迷上它的香氣

酪梨
明太子飯
아보카도 명란밥

才不過幾年前，大家還對酪梨這種食材相當陌生，最近在韓國，酪梨已經越來越常見了。

如果你吃過熟透的酪梨，一定會對它的香氣印象深刻，

熟透的酪梨皮呈現深綠色，輕壓時有點軟軟的感覺，將熟透的酪梨切片，搭配白飯、醃明太子與荷包蛋，誰都一定會愛上這充滿異國風情的美味。

INGREDIENT

必備食材
酪梨 ½ 個、醃漬明太子 50g、
雞蛋 1 個、飯 1 碗

選擇性食材
洋蔥 ¼ 個

調味
芥末、醬油、海苔酥各少許、
食用油適量

COOKING TIP
荷包蛋可依個人喜
好做半熟或全熟。

HOW TO MAKE

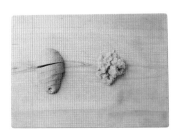

1 酪梨去皮，切厚片；醃明太子先在中間劃幾刀，剝除外皮。

2 熱油鍋，將切絲的洋蔥放入略炒。

3 取出洋蔥，煎荷包蛋。將白飯裝盤，放上酪梨、洋蔥、醃明太子和荷包蛋。可依個人喜好搭配芥末或海苔酥。

不輸義式餐廳的
香蒜羅勒義大利麵 & 牛排
바질페스토스파게티 & 스테이크

香蒜羅勒醬中放入了義大利的代表香草——羅勒葉，與大蒜、松子一起攪碎做成醬料。

我的義大利麵食譜還加了蝦仁，雖然這樣已經夠好吃了，若再搭配烤好的牛排，就能享用一頓不輸給義大利餐廳的豐盛大餐！

INGREDIENT

必備食材
義大利麵條 120g、煮麵水 3Ts、大蒜 5 瓣、辣椒 2 根、市售羅勒醬 2Ts、牛里脊肉 150g

調味
食用油 2Ts、米酒少許、鹽少許、胡椒粉少許、雞湯塊 ½ 個、帕瑪森起司粉 2Ts

選擇性食材
蝦仁 60g、黑橄欖 3 顆、小番茄 2 顆、豆苗少許

HOW TO MAKE

1 滾水中放入鹽，煮義大利麵條 7～8 分鐘；蝦仁過冷水，加入米酒和胡椒粉拌勻。

2 大蒜切片；小番茄切 4 等分。

3 熱油鍋，大蒜爆香後，加入辣椒末略炒。

4 放入煮麵水、羅勒醬、義大利麵、蝦仁和雞湯塊，炒勻後裝盤。放上黑橄欖、小番茄，撒上帕瑪森起司粉，並以豆苗裝飾。

5 牛里脊肉用鹽、米酒、胡椒粉醃入味後，熱油鍋，煎至兩面熟，切成一口大小，擺放在義大利麵旁。

滿滿都是肉

番茄肉醬
義大利麵

토마토스파게티

我很喜歡番茄肉醬義大利麵，上面滿滿的肉醬。在義大利波隆那的「波隆那肉醬」十分有名，只要使用市售番茄醬，就能輕鬆做出味道濃郁的肉醬。

雖然我不太能喝酒，不過當番茄肉醬義大利麵端上桌時，再配上一杯紅酒，感覺不就像來到歐洲旅行嗎？

INGREDIENT

必備食材
義大利麵條 120g、番茄 ½ 個、市售義大利麵醬 200g

選擇性食材
洋蔥 ¼ 個、蒜末 1Ts、牛絞肉 50g

調味
鹽、胡椒粉各少許

HOW TO MAKE

1 用深鍋煮水（1L），加鹽，煮義大利麵條約 7 ～ 8 分鐘；洋蔥切丁；番茄去籽，切成一口大小。

2 熱鍋，倒入橄欖油，放蒜末、洋蔥丁，炒至洋蔥呈淺褐色。

3 放入牛絞肉，加鹽、胡椒粉調味翻炒後，放入義大利麵醬炒勻。

肉香四溢～肉食族不可錯過！

麻婆豆腐
마파두부

原本麻婆豆腐的特色是吃完後，舌頭會殘留麻麻的感覺，但利特牌的麻婆豆腐減少了一點麻辣感，放入大量蔬菜和肉，增加甘醇風味，更符合我的口味喔！將軟嫩的豆腐拌入飯中，一下子就可以解決一碗飯！

INGREDIENT

必備食材
豆腐 200g、豬絞肉 100g、蔥白 ½ 根

選擇性食材
高麗菜 2 片、洋蔥 ⅓ 個、紅蘿蔔 40g、青陽辣椒 2 根

調味
鹽、胡椒粉各少許、勾芡水（太白粉 1ts ＋水 1Ts）

調味醬
辣椒粉 1Ts、糖 ½Ts、蒜末 1Ts、醬油 1Ts、味醂 2Ts、蠔油 1Ts、辣椒醬 ½Ts

HOW TO MAKE

1 高麗菜切碎；洋蔥、紅蘿蔔切丁；豆腐以廚房紙巾去除水份後，切成 1.5cm 大小塊狀。

2 豬絞肉中放入鹽、胡椒粉與蒜末調味。

3 將辣椒粉、糖、蒜末、醬油、味醂、蠔油與辣椒醬混合成調味醬。

4 熱油鍋，放入蔥白切片爆香，再放洋蔥與豬肉翻炒。

5 豬肉熟後，放入紅蘿蔔與調味醬一起煮。

6 放入高麗菜、豆腐和青陽辣椒末翻炒，最後倒入勾芡水調整濃稠度。熄火後加香油拌勻。

香香辣辣，忍不住一口接一口

麻辣香鍋
마라샹궈

在中國第一次吃到麻辣醬料時，我的內心實在大受衝擊——這真是一個會讓人上癮、充滿魅力的神奇味道！現在，在韓國也能輕鬆買到麻辣醬料包，實在太令我開心了。做法也很簡單，把喜歡的食材切好，倒入一包麻辣醬炒就完成了！我一定要加入的食材就是韓國冬粉，大家最喜歡的食材是什麼？一起來炒炒看吧！

INGREDIENT

必備食材
豆皮 30g、牛肉片 150g、熱狗 1 根、蓮藕 ½ 個、大白菜 30g、青江菜 3 株、豆芽 30g、
韓國寬粉 100g

選擇性食材
馬鈴薯 ½ 個、洋蔥 ½ 個、秀珍菇 50g、蔥 ½ 根、蝦仁 10 隻、香菜 20g

調味
蒜末 1Ts、市售麻辣醬 1 包 100g、食用油適量

COOKING TIP
中式料理用大火快炒
最好吃喔！

1 馬鈴薯、蓮藕、大白菜、青江菜和豆皮切成一口大小；洋蔥切絲；秀
  珍菇撕成一朵一朵；蔥白和熱狗斜切。
2 熱油鍋，放入蒜末、洋蔥與蔥白爆香。
3 放入馬鈴薯略炒後，放入牛肉片、熱狗，最後放入蝦仁、大白菜和豆
  皮，倒入麻辣醬一起翻炒。
4 放入事先泡軟的韓國冬粉，加入香菜、青江菜再炒一下就完成。

番茄的爽口真是魅力十足！

港式番茄麵
홍콩식 토마토라면

在香港吃過很有名的港式番茄麵，雖然不是什麼創新料理，但味道有點像在韓國泡麵中加入了清爽的番茄，爽口的味道更具魅力。

我特別加入了青陽辣椒增添辣味，非常好吃喔！

INGREDIENT

必備食材
番茄 1 個、洋蔥 ¼ 個、泡麵 1 包

選擇性食材
雞蛋 1 個

調味
蒜末 1Ts、青陽辣椒 1ts、蔥花 1Ts、辣椒粉 ½Ts、醋 1Ts

HOW TO MAKE

1 番茄去除蒂頭，切成 8 等分；洋蔥切丁。

2 在水（2 杯）中，放入蒜末、洋蔥和泡麵調味包煮滾。

3 湯滾後，放入番茄，以湯勺壓碎。

4 放入泡麵，等麵浮上來就表示熟了。

5 麵熟後，加入青陽辣椒、蔥花、辣椒粉與醋，再次煮滾，可依個人喜好加入雞蛋。

> COOKING TIP
>
> 將番茄弄碎，可讓番茄更融於湯頭，使湯頭更濃郁。
>
> 番茄去皮祕訣：先用刀子在番茄上輕劃十字，放入滾水汆燙，就能輕鬆去除番茄皮。

清爽墨西哥風味
酪梨莎莎醬
과카몰리

酪梨莎莎醬是將酪梨弄碎，加入番茄和洋蔥做成的墨西哥代表美食，最適合搭配麵包和薄餅，滋味絕妙！

做酪梨醬不一定要用新鮮酪梨，最近也能買到已經弄碎的酪梨醬或冷凍酪梨。平常也可以把酪梨保存在冷凍庫，想吃的時候取一點出來，十分方便。

INGREDIENT

必備食材
洋蔥 ¼ 個、番茄 ½ 個、酪梨 1 個

調味
蒜末 1ts、檸檬汁 ½Ts、鹽 ½ts、糖 ½Ts、胡椒粉少許

HOW TO MAKE

1 洋蔥和番茄切細丁。番茄以濾網瀝乾汁液，洋蔥過水去除辛辣味。

2 酪梨去皮，放入碗中，用叉子壓碎。

3 將洋蔥、番茄、酪梨與蒜末混合，加入檸檬汁、鹽、糖和胡椒粉調味。

超飽超滿足

鮮蝦炒飯
墨西哥捲餅

라이스
새우브리또

墨西哥捲餅就是在薄餅放上滿滿的肉、海鮮和蔬菜的墨西哥代表美食。
放入那麼多食材，只要一個捲餅就能吃得很飽。
捲餅內不只能放蝦子，烤肉、辣炒豬肉等韓國肉類料理也很適合當內
餡，讓捲餅別具風味！

INGREDIENT

必備食材
飯 1 碗、蝦仁 120g、洋蔥 ½ 個、番茄 1 個、
墨西哥醃辣椒 ⅓ 杯、墨西哥薄餅 3 片、莫札
瑞拉起司 & 切達起司 1 杯

選擇性食材
萵苣葉 5 片、紅辣椒 ½ 根、青陽辣椒 ½ 根、市售
辣醬適量

調味
米酒、胡椒粉各少許、咖哩粉 ½Ts、鮪魚魚露 1Ts、
美乃滋 2Ts、原味優格 80g、檸檬汁 1Ts

HOW TO MAKE

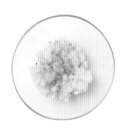

1　蝦仁切丁，以米酒和胡椒調味。

2　洋蔥和番茄切丁；萵苣切細絲；
　　紅辣椒和青陽辣椒切末。

3　熱油鍋，爆香洋蔥後再放入蝦
　　仁。接著放入飯、咖哩粉、鮪
　　魚魚露翻炒，加入紅辣椒和青
　　陽辣椒。

4　薄餅均勻抹上美乃滋，放上炒
　　飯、墨西哥辣椒。

5　撒上莫札瑞拉起司和切達起
　　司，放入微波爐微波 1.5 ～ 2
　　分鐘。

6　放上番茄和萵苣絲，淋上加了
　　檸檬汁的優格醬。兩端摺起來
　　捲好，切成好入口的大小，與
　　辣醬一起上桌。

INDEX

ㄆ

泡菜奶油炒泡麵	62
泡菜辣炒豬肉	87
泡菜豬肉鍋	88

ㄇ

馬鈴薯煎餅沙拉	98
馬鈴薯雜菜	134
馬鈴薯沙拉	140
麻藥醃蛋	149
芒果牛奶	160
芒果優格	160
麻糬漢堡	180
麻婆豆腐	200
麻辣香鍋	202

ㄈ

鳳梨鮮蝦炒飯	190
番茄肉醬義大利麵	198

ㄉ

刀切麵疙瘩	48
蛋炒飯	52
大醬鍋	82
大醬醃紫蘇葉	136

ㄊ

泰式炒河粉	128

ㄋ

奶油鮮蝦義大利麵	40
牛肉拌豆芽	108
牛肉豆芽炒飯	108
南瓜濃湯	114
牛蒡炒豬肉	146
年糕串	162
牛排	196

ㄌ

綠豆涼粉飯	46
辣炒魚板	51
蘿蔔塊泡菜炒飯	56
辣魷魚絲海苔飯捲	64
蘿蔔葉泡菜拌飯	66
辣炒章魚	77
辣炒豬肉	84
老泡菜部隊鍋	90
辣拌螺肉	118
涼拌韭菜蔥	120
辣拌蘿蔔絲	144
辣炒年糕	168
酪梨明太子飯	194
酪梨莎莎醬	208

ㄍ

鮭魚握壽司	30
乾烹煎餃	156
果香糖醋肉	178

港式番茄麵	206

ㄎ

咖哩烏龍麵	192
咖哩飯	192

ㄏ

黃豆芽拌飯	32
韓式燒肉	92
黃豆粉麻糬吐司	180
黃瓜壽司卷	184

ㄐ

餃子火鍋	71
焗烤奶油餃	104
醬燒豬肉	120
煎蛋捲	138
雞蛋三明治	164

ㄒ

血腸湯	59
香蒜麵包	114
鮮蝦墨西哥薄披薩	174
香蒜羅勒義大利麵	196
鮮蝦炒飯墨西哥捲餅	210

ㄓ

炸醬麵	52
章魚拌飯	74

豬腳冷盤	78
照燒雞翅腿	112

ㄔ

超簡單涮涮鍋	101
炒血腸	106
超簡單韓式雜菜	124

ㄕ

什錦燒	126
什錦蔬菜捲	172
沙嗲雞肉串	188

ㄙ

酥炸鑫鑫腸	158

ㄧ

醃葡萄	152
醃番茄	152

ㄨ

午餐肉雞蛋蓋飯	36
鮪魚小黃瓜飯糰	44

ㄩ

魚板蓋飯	50
魚糕串湯	80

Super Junior 利特親手做！特哥的美味料理祕訣／利特 著 . 張鈺琦 譯 . -- 初版 . – 臺北市 : 時報文化，
2020.07；面；18.8×25.4 公分 . -- （Life：047）

ISBN 978-957-13-8268-5（平裝）

1. 食譜　2. 烹飪

427.1　　　　　　　　　　　　　　　　　　　　　　　　　　　　109008819

ISBN 978-957-13-8268-5

Printed in Taiwan

Life 047

Super Junior 利特親手做！特哥的美味料理祕訣

이특의 특별한 식사

作者　利特 ｜ **譯者**　張鈺琦 ｜ **主編**　陳信宏 ｜ **副主編**　尹蘊雯 ｜ **責任企劃**　吳美瑤 ｜ **美術設計**　FE 設計 ｜ **編輯總監**　蘇清霖 ｜ **董事長**　趙政岷 ｜ **出版者**　時報文化出版企業股份有限公司 108019 臺北市和平西路三段 240 號 3 樓　發行專線—(02)2306-6842　讀者服務專線—0800-231-705．(02)2304-7103　讀者服務傳真—(02)2304-6858　郵撥—19344724 時報文化出版公司　信箱—10899 臺北華江橋郵局第 99 信箱　時報悅讀網—www.readingtimes.com.tw　電子郵件信箱—newlife@readingtimes.com.tw　時報出版愛讀者—www.facebook.com/readingtimes.2 ｜ **法律顧問**　理律法律事務所　陳長文律師、李念祖律師 ｜ **印刷**　和楹印刷股份有限公司 ｜ **初版一刷**　2020 年 7 月 24 日 ｜ **初版三刷**　2020 年 9 月 30 日 ｜ **定價**　新臺幣 420 元 ｜（缺頁或破損的書，請寄回更換）